KB175748

진화의 외도
종잡을 수 없는 종들의 이야기

진화의 외도 종잡을 수 없는 종들의 이야기
ⓒ 들녘 2008

초판 1쇄 발행일 2008년 2월 18일

지은이 마티아스 글레우브레히트
펴낸이 이정원

책임편집 신문수

펴낸 곳 도서출판 들녘
등록일자 1987년 12월 12일
등록번호 10-156
주소 경기도 파주시 교하읍 문발리 파주출판단지 513-9
전화 마케팅 031-955-7374 편집 031-955-7381
팩시밀리 031-955-7393
홈페이지 www.ddd21.co.kr

ISBN 978-89-7527-801-3(03490)

값은 뒤표지에 있습니다.
잘못된 책은 구입하신 곳에서 바꿔드립니다.

진화의 오류

종잡을 수 없는 種들의 이야기

마티아스 글라우브레히트 지음 | 유영미 옮김

들녘

차 례

2장 인류 진화의 흔적을 찾아서

3장 멸종과 진화의 아이러니

지구는
딱정벌레에
정복당했다!?

생.물.학.의.세.가.지.미.스.터.리

우리는 은하수 같은 나선형 은하계에 위치한 별의 개수가 얼마나 되는지 비교적 정확하게 알고 있고, 바이러스의 유전자 개수까지도 완벽하게 알고 있다. 눈에 보이지 않는 전자의 질량도 알고 있으며, 워싱턴에 있는 유명한 의회도서관에 몇 권의 책이 소장되어 있는지도 정확히 알고 있다. 그러나 현재 지구상에 몇 종의 동식물이 서식하고 있는지를 정확히 아는 사람은 아무도 없다. 심지어 지구상에 서식하는 딱정벌레가 몇 종이나 되는지조차 알지 못한다.

지금 지구는 이 조그만 곤충에게 정복당한 상태라고

해도 과언이 아니다. 딱정벌레는 놀라운 적응력으로 지구 곳곳에 터를 잡았다. 어림짐작이지만, 지구상에 존재하는 딱정벌레는 대략 백만 종이 넘을 것으로 추산된다. 어떤 동물도 딱정벌레만큼 다양한 모양과 색깔을 보여주지는 못한다. 생물 다양성을 파악하고 정리하는 것을 직업으로 삼은 생물학자들은 이를 두고 창조주가 딱정벌레에게 홀딱 빠졌던 것 아닐까, 우스갯소리를 할 정도다.

딱정벌레 수집을 하다가 생물학에 재미를 붙여 학자의 길을 걷게 된 이들도 많다. 몇몇 저명한 자연연구가들은 딱정벌레를 연구하다가 중요한 이론을 발견하기도 했다. 영국의 자연과학자 찰스 다윈(1809-1882)도 대학시절에는 못말리는 딱정벌레 수집가였다. 딱정벌레에 대한 열정이 1831년 다윈으로 하여금 비글호를 타고 연구 여행을 떠나게 했고 그 후 5년간 세계 일주를 하게끔 이끌었다. 이때의 경험이 다윈의 인생을 바꾸어 놓았다. 의학 공부를 중단하고, 아버지가 권고했던 목사의 길 역시 포기한 채 생물학자가 되기로 결심한 것이다. 여행에서 돌아온 다윈은 후일 생물학의 기초가 된 '사상의 집' 하나를 선물했다. '자연선택 이론'을 주창한 진화론이 그것이다. 다윈의 이론은 살아 숨 쉬는 자연의 양태를 효과적으로 이해하는 데 많은 도움을 준다.

그러나 자연에 대한 우리의 이해는 생각보다 그리 깊지 못하다. 자연에 대한 우리의 무지는 오히려 걱정을 불러일으킬 정도다. 우리의 무지는 지구에 사는 동식물 종의 수만큼이나 끝이 없다. 실제로 우리는 아직 생물학의 세 가지 기본적인 질문조차 해결하지 못한 상태다. 나는 이 기본적인 세 가지 질문을 생물 다양성 연구의 3대 미스터리라고 부른다. 생물 다양성 즉, 생물학적 종의 생성과 생물학적 종의 다양성에 대한 연구 및 보호에 대해 말하려면—생물학자들뿐만 아니라 정치인들도 그것을 논한다—첫째, 지구에 얼마나 많은 종들이 있는지를 알아야 하고, 둘째, 종이란 대체 무엇인지를 알아야 하며, 셋째, 종이 어떻게 탄생하는지를 알아야 한다. 하지만 생물학의 세기라고 선언된 오늘날까지 이런 질문들에 대한 만족스런 대답이 나오지 않은 상태다. 놀라운 일이다. 찰스 다윈조차도 종이란 '정의할 수 없는 것을 정의하는 것'이라고 했고, 종 형성의 메커니즘 또한 '미스터리 중의 미스터리'라고 했다.

종의 수에 관한 미스터리 – 종의 수에 대한 질문으로 시작하자. 18세기 중반 스웨덴의 의학자이자 자연연구가로 활동했던 카를 폰 린네(1770-1778)는 생물학의 선구자격인 인물이다.

린네는 1735년 549종의 동물을 명명한 『자연의 체계』를 저술했다. 그는 여기서 '이명 분류법'이라는 체계적 분류법을 활용했다. 스스로 고안한 것은 아니었지만,

그 분류법의 교육적·실용적 가치와 유익성을 깨달아 이를 일관적으로 응용하고 확립하려고 노력했다. 그의 노력과 성과가 담긴 『자연의 체계』는 동물계통학의 효시라 일컬어진다. 1758년에 발간된 10번째 판에는 총 4,387종의 동식물이 명명되어 있다. 판을 거듭하는 동안 명명된 종의 수도 대폭 늘어났다. 물론 이 같은 수치는 생물학자들의 노력에 비할 만큼은 아니다.

1982년, 미국의 곤충학자 테리 어윈은 파나마 우림 속의 한 나무와 그 위에 서식하는 곤충 수에 근거하여 전 지구적인 동물 종의 수를 어림했고 그 수가 3천만에 이를 것으로 예상했다. 최근 전문가들은 좀 더 신중한 의견을 내놓았다. 현대의 생물학자들은 현재 지구상에 생존하는 동물 종의 수를 천만 내지는 천오백만 종으로 추정하고 있다. 그것만 해도 여전히 많은 수치다.

이 중 제대로 파악되어 학명이 붙은 것은 겨우 1/10뿐이다. 생물계통학 연구가 이제 시작단계임을 보여주는 단적인 증거다. 생물의 종을 파악한다는 건 쉬운 일이 아니다. 파악된 종을 일괄적으로 기록하고 보관해줄 효율적인 기관이 부재한다는 것도 문제다. 더군다나 생물계통학은 동물학 분야에서도 거의 사멸해가는 비인기 전공 분야 중 하나다. 체계적인 생물 다양성 연구의 장이자 피난처인 자연과학 박물관과 대학기관이 잘못된 학문 정책에 의해 수십 년 동안 외면당한 것도 이에 한몫했다.

종 개념의 미스터리 – 지구상에 존재하는 생물 종의 수를 파악하는 것은 종을 어떻게 정의하느냐에 따라 좌우된다. 우리는 여기서 종 개념과 생물 다양성 연구의 두 번째 미스터리에 부딪힌다. 생물학자들은 긴 세월 동안—18세기 말, 늦어도 19세기 초부터—몇 번이나 종 개념을 정의하려고 시도했다. 그러나 모든 노력에도 불구하고 종의 개념은 오늘날까지도 모호한 상태로 남아 있다. 이것을 한갓 말싸움에 지나지 않는 문제로 치부하는 사람도 있고 이미 해결되었다고 보는 사람도 있다. 하지만 종 개념은 생물계통학의 핵심이다.

종의 정의라는 표면적인 문제 뒤에는 생물학의 문제가 숨어 있다. 종의 개념은 종 형성의 메커니즘과 직접적으로 연관되어 있기 때문에, 이를 어떻게 정의하느냐에 따라 진화론과 일반 생물계통학에 심오한 영향을 끼칠 수밖에 없다. 종의 문제는 생물학에 중심적인 의미를 지니는 중대한 사안이다. 일부 사람들의 견해처럼 결코 무의미한 파벌 싸움만은 아니다.

모든 종은 연구하고 보존해야 할 귀중한 대상이다. 그렇다면 대체 '종'이란 무엇일까? 다윈의 등장 이후 오랫동안 사람들은 특별한 정의 없이 전문가들이 '종'이라 일컫는 것을 그대로 수용해왔다. 이것은 결과적으로 다윈의 과오였다. 생물학적인 종은 자연이 만든 자연발생적인 단위인 동시에 종 연구자들의 원자들이다. 인간들이 편의상 만들어낸 속, 과, 목 같은 카테고리들과는 달리 생물학적인 종은 진화의 기본적인 단위로서 이해되어야 한다.

종 형성의 미스터리 – 찰스 다윈이 말한 바 있듯 '미스터리 중의 미스터리'는 종의 근원과 형성에 대한 질문이다. 1859년에 발표된 다윈의 저서 『종의 기원』은 종 형성에 관한 견해를 최초로 제기한 사람이 다윈이라는 인식을 심어주었다. 그러나 종이 어떻게 형성되는가에 대한 생각을 최초로 제기한 사람은 다윈이 아니었다. 다윈에 앞서 이미 수많은 선배들이 그보다 더 폭넓은 견해들을 표명해왔다. 다윈은 종 형성의 문제를 명쾌히 설명하지 못했다. 다윈은 그저 종의 변화, 즉 진화 자체에 대한 이론만을 제시했을 뿐 어떻게 하나의 종에서 또 다른 새로운 종이 탄생하는가 하는 질문에 대해서는 어떠한 이론도 제시하지 않았기 때문이다.

실제로 오늘날까지 많은 학자들은 진화론의 토대 위에서 이 질문에 답하고자 고심해왔다. 우리는 이제 종이 무엇인지 정확히 정의되고, 종이 자연에 객관적인 현실로서 실존한다는 사실, 즉 종은 동식물 분류를 위한 인위적인 카테고리가 아니라는 것이 확실히 인정되어야만 종 형성에 대한 연구도 구체성을 가질 수 있음을 알고 있다. 다양한 종이 실제로 존재한다는 전제하에서만 종 형성의 과정을 제대로 다룰 수 있고, 그럴 때에만 종 형성에 대한 연구가 우리의 주의와 노력을 쏟을 만한 학문적 현안이 되는 탓이다.

생물학자들에게 종 형성에 대한 정확한 설명을 묻는다면 그것은 물리학자들에게 세계의 공식을 증명해보라고 요구하는 것과 다를 바 없다. 종의 수, 종의 개념, 종의 형성에 대한 질문들은 예나 지금이나 진화생물학의 가장 흥미로운 수수께끼다.

여기서는 여러 동물을 예로 들어 종과 종의 이야기, 종의 형성과 멸종에 관한 이야기들을 다루고자 한다. 달팽이, 오리너구리, 포유류 등을 훑어가면서 계속적으로 질문을 제기하고 그에 대한 대답을 시도할 것이다. 우리의 이런 작업에 대해 다윈도 굉장히 흥미로워 했으리라 확신한다. 이는 곧 생물학의 핵심을 파고드는 일이기 때문이다.

우리가 자연에 존재하는 종들에 대해 그리고 그 본질에 대해 무지한 것은 이미 말한 바와 같이 딱정벌레나 딱정벌레 연구자들의 책임이 아니다. 그들은 '종들의 폭우' 속에 무방비 상태로 노출되어 있다. 무척추 동물을 연구하는 학자들처럼 그들 역시 정책적 지원에서 소외당하고 있는 실정이다. 지구 생태계에서 근본적이고 중요한 역할을 하는 것은 조류(9천 5백종), 포유동물(4천 5

백종), 파충류(1만 종), 양서류(5천 종) 등 우리에게 알려진 약 3만 종의 생물이 아니다. 오히려 여전히 알 수 없고, 발견되지 않았고, 대부분은 아주 작은 무척추 동물에 불과한 수백만 종(특히 달팽이(13만 종), 가재(95만 종), 딱정벌레(백만 종)를 비롯한 각종 곤충과 벌레 등등)이 생물 다양성을 이루고 생태계를 결정한다. 이 책에서도 포유류나 조류와 더불어 많은 종류의 무척추 동물이 언급된다. 어떤 동물을 다룰 것인지에 대한 선택은 거의 우연이었다. 그러나 이 책에 실린 모든 동물은 그들만의 이야기를 들려줄 것이다.

많은 전문가들이 생물학의 무지에 대해 안타까움의 목소리를 높이고 있다. 종의 다양성과 종의 멸종 규모를 여전히 제대로 파악하지 못하고 있는 탓이다. 그 무지 속에서 생물 다양성은 날마다 끔찍할 정도로 파괴되고 있다. 일반인들 역시 이것이야 말로 현 인류가 범하고 있는 가장 큰 어리석음이라며 우려를 표하고 있다.

최근 들어 생물계통학과 그 연관 연구의 중요성이 새롭게 부각되고 있다. 고무적인 일이다. 그러나 생물 다양성 연구에 투자되는 물적 인적 자원의 부족함과 정책적 지원의 부족이 지금과 같이 계속된다면 우리는 천 년 후에도 주위에 어떤 생물이 살고 있는지, 우리 자신의 생존에 중요한 것이 과연 무엇인지를 알지 못하게 될 것이다. 인간의 근시안적 사고는 전 세계적으로 무분별하게 자행되고 있는 생태계 파괴 현상에 눈을 감게 만들었다. 현재 생태계에서 무슨 일이 벌어지고 있는지, 왜 어떤 생물은 멸종하는데 어떤 생물은 창궐하고 있는지에 대해 우리는 여전히 무지하다. 이런 상태에서 종의 다양성을 연구하고 수치를 어림하는 것은 문제가 있을 수밖에 없다.

한 가지 자명한 사실이 있다. 지구상의 모든 멸종 사건들과는 달리—단계적으로 모든 종의 99%가 멸종했다—현대에 진행되고 있는 대량 멸종 현상은 그 책임이 인간에게 있다는 점이다. 지금 지구상에서 종의 멸종이 가장 심각하게 진행되고 있는 곳은 대개 국민 총생산이 낮은 빈민국들이 다. 많은 전문가들은 이 사실을 안타까워한다. 유감스럽게도 지금의 우리들에겐 이에 대해 어떤 조치를 취할 미래지향적 사고가 결여되어 있다. 하물며 배고픔과 가난을 대물림하는 사회의 구성원들은 말할 것도 없다.

이런 상태가 벌어지고 있는 것에 대해 정치인이나 정책을 비난하는 일은 쉽다. 그러나 미래 세대를 위해 결정적 전환점을 모색해야 할 사람들은 비단 정치인이나 정책 입안자들만이 아니다. 생물 다양성 보존은 우리 한 사람 한 사람에게 달려 있다. 우리는 왜 모든 동식물 종을 구원하고자 노력해야 하는지를 자문하고 깨달아야 한다. 기계제품을 분해했다가 조립할 때 중요하지 않은 부품은 하나도 없다. 저마다 고유한 기능을 갖고 작동하기 때문이다. 생태계 시스템도 이와 마찬가지다. 이것이 우리가 가능한 한 모든 생물의 종을 보존해야 하는 가장 큰 이유다. 생물학적 무지로 인해 특정한 동물이 행사하는 자연계의 생태학적 기능을 인식하지 못할 때 문제가 더욱 심각해진다.

이 책의 이야기들은 이런 배경에서 탄생했다. 각각의 글들은 지난 몇 년간 이루어진 최신 연구에 바탕을 둔 것으로, 일간지의 학술면과 학술 잡지에 게재되었던 기고문들이다. 이것들은 현재 진행되고 있는 연구 활동의 주제들로서 종과 종 형성 및 생존의 다양한 면들에 대한 진화생물학 연구의 장을 맛보게 해줄 것이다.

여러 잡지에 글을 써오는 동안 각각의 주제나 자료와 연관하여 수많은 제안과 격려를 아끼지 않은 학술 편집인들에게 감사를 전하는 바이다. 특히 베를린 〈타게스 슈피겔〉의 하르트무트 베베처와 토마스 데 파도바, 〈프랑크푸르터 룬트샤우〉의 하인츠 카리쉬에게 감사한다. 〈지오〉에 실었던 이야기 「아름다운 자가 암파리를 얻는다」를 이 책에도 싣게 허락해준 〈지오〉의 마틴 아미스터에게도 감사를 전한다. 그리고 도서관과 국립 박물관을 전전하며 많은 수고와 시간을 들여 자료를 찾아준 베를린 자연과학 박물관의 동료 잉게보르크 킬리아스에게 다시금 감사를 표한다. 그녀의 일을 통해 나는 앞으로의 인터넷 시대에 오프라인 지식 센터들이 얼마나 부족하게

될지 뼈저리게 느꼈다. 딱정벌레와 카니발, 혜성 이야기
에 도움을 준 앙겔라 메더에게도 심심한 감사를 표한다.

1

종잡을 수 없는 종들의 이야기

달릴수록 힘이 솟는다.
캥거루의 에너지 절약형 뜀뛰기

1770년 여름 "Terra Australis", 즉 신비로운 남쪽 나라 호주의 동쪽 해안을 탐험하던 영국 선장 제임스 쿡은 후일 그의 이름을 따 쿡 타운이라 불리게 된 지역 부근에서 독특한 동물의 세계와 마주쳤다. 그중 유독 눈에 띄는 동물이 하나 있었으니 오늘날 에뮤와 더불어 호주의 간판 동물이 되어버린 캥거루였다.

쿡의 항해일기에는 다음과 같은 기록이 실려 있다. "사슴처럼 뜀뛰기를 하지 않았더라면 나는 캥거루를 그레이하운드¹ 쯤으로 여겼을 것이다. 토끼를 연상시키는 머리와 귀만 제외하면 도무지 내가 본 유럽의 그 어떤 동물과도 닮은 점을 찾을 수 없었다." 전해져 오는 이야기에 따르면 쿡은 이 네 발 달린 이상한 동물의 이름이 뭔지를 원주민에게 물었고 원주민은 "캉-가-루"라고 대답했다고 한다. 원주민어로 '캉가루'란, "당신의 말을 알아듣지 못하겠어요!"라는 뜻이다.

캥거루의 특이함은 오늘날까지 생물학자들의 머리를 갸웃거리게 만들며, 캥거루가 껑충껑충 뛰어다니는 모습은 사람들로 하여금 언제나 빙그레 웃음 짓게 만든다. 그러나 캥거루들은 쿡이 묘사했던 대로 사슴처럼 뛰어다니지 않는다. 튼튼한 뒷발을 사용해 우아하고 탄력 있게

1) 개의 한 품종. 몸이 가늘고 길며 털은 매끈하고 짧다. 주력과 시력이 발달한, 경주와 사냥용 개로 이집트가 원산지이다.

뜀뛰기를 하는데, 캥거루가 굉장히 높이까지 뛸 수 있다는 사실은 이미 잘 알려져 있다. 이와 관련해, 다음과 같은 사실은 동물학자들에게도 신선하게 느껴질 만한 내용이다. 캥거루는 달릴 때 에너지를 거의 소비하지 않는다. 이들은 인간이나 다른 동물들과는 달리 빠르게 뜀뛰기를 할수록 오히려 에너지가 절약된다고 한다.

생물학자들은 오늘날까지도 캥거루들이 왜, 어떤 이유로 이런 식의 뜀뛰기를 할 수 있게 되었는지 밝혀내지 못했다. 그러나 확실한 것은 이것이 전적으로 매우 성공적인 이동법이라는 것이다. 오스트레일리아 대륙에 서식하는 57종의 캥거루들이 모두 이와 같은 이동법을 지니고 있다. 가장 커다란 캥거루인 붉은 캥거루의 경우에도 90kg의 육중한 몸을 이끌고 이런 식의 뜀뛰기를 구사한다. 큰 캥거루들은 짧은 앞다리에 비해 긴 다리가 아주 길기 때문에, 네 다리로 달리는 다른 포유류들과 달리 뒷다리 두 개를 서로 독립적으로 움직이지 못한다. 따라서 캥거루들은 천천히 앞으로 가려고 할 때도 뒷다리를 모아 조금씩 뜀뛰기를 해서 다녀야 한다. 그럴 때면 길고 강한 꼬리를 지팡이처럼 사용한다. 풀밭에서 여유로이 움직일 때 캥거루의 꼬리는 받침대인 동시에 다섯 번째 다리가 된다. 반면에, 빠른 속도로 뜀뛰기를 해야 할 경우에는 평형을 잡아주는 막대 역할을 한다.

호주 멜버른 소재 모나쉬 대학의 생리학자 우베 프로

스크를 위시한 연구팀은 캥거루들의 에너지 소비를 측정하기 위해 피트니스 센터와 같은 특별 실험실에서 캥거루들을 훈련시켰다. 캥거루들은 실험을 위해 러닝머신처럼 설계된 뜀뛰기 기계 위에서 마스크를 쓴 채 제각기 다른 속도로 뜀뛰기 하는 것을 배워야 했다. 마스크는 뜀뛰기 속도에 따른 캥거루의 산소 소모량을 측정하기 위한 도구였다. 생물학자들은 캥거루가 들이마시는 산소의 양을 에너지 소비의 척도로, 즉 뜀뛰기 운동에 소모되는 신진대사 비용의 척도로 여겼다.

실험 결과 연구자들은 캥거루의 에너지 소비가 뜀뛰기 속도와는 전혀 관계가 없다는 것을 확인했다. 인간의 경우에는 빨리 달릴수록 더 많은 산소와 에너지를 소비한다. 그러나 캥거루들의 경우에는 시속 6km 이상에서도 산소 소비가 전혀 증가하지 않았다. 오히려 산소 소비가 더 낮아져 연구자들을 당황시켰다. 캥거루들에게는 시속 6km로 달리는 것보다 시속 20km로 달리는 것이 에너지 면에서 더 효율적인 것으로 나타났다. 이런 식으로 캥거루들은 부가적인 노력 없이 그들의 속도를 두 배, 혹은 여러 배로 높일 수 있었다. 캥거루들이 그들의 전형적인 '여행 속도'인 시속 20km의 속도로 달릴 때, 같은 몸집의 포유동물들보다 에너지 소비가 적은 것은 말할 것도 없다.

캥거루는 어떤 원리로 이렇게 효율적인 메커니즘을

구사하는 것일까. 생리학자들은 캥거루의 이런 메커니즘이 다리의 힘줄과 근육의 탄력적인 특성 때문이라고 추측했다. 이들에 따르자면 힘줄과 근육은 두 개의 나선형 용수철처럼 작용한다. 착지하는 순간에는 뒷다리의 힘줄이 팽팽해지면서 아킬레스건에 에너지가 저장되고, 뜀뛰기를 하는 순간에는 힘줄과 근육이 원래의 길이로 급속히 수축되는 식이다. 이때 저장된 에너지가 다시 뜀뛰기에 이용되면서 부가적인 추진력을 전달한다.

따라서 캥거루의 에너지 절약형 뜀뛰기는 뒷다리의 해부학적 특성에서 기인한다고 할 수 있다. 캥거루들은 두 개의 용수철 위에서 뜀뛰기를 하는 것과 다름없다. 이 용수철은 착지 순간에는 캥거루 몸체의 무게로 인해 잠시 늘어났다가 뜀뛰기를 하면서 다시 수축된다.

최근 퀸즐랜드 대학의 연구자들은 캥거루의 힘줄이 이런 구조로 도약에너지를 저장한다는 사실을 증명했다. 이들은 크기가 다른 호주 캥거루 종들을 각각 비교한 뒤 힘줄의 에너지 저장 능력이 캥거루의 몸집에 비례한다는 사실을 밝혀냈다. 캥거루 종의 신체치수와 더불어 몸집에 비례한 근육의 무게, 힘줄의 길이 등이 중요한 역할을 한다는 내용이었다. 여기에 따르면, 에너지 절약의 메커니즘을 발휘할 수 있는 것은 체중이 1.5kg이 훨씬 웃도는 커다란 종의 캥거루에 국한된다. 실제로, 몸집이 큰 캥거루에 속하는 회색 캥거루와 붉은 캥거루는 각각

몸무게가 약 50kg 정도로 에너지 절약형 뜀뛰기에 적합한 몸무게와 몸집을 지니고 있다. 만약 이들의 몸집이 조금만 더 컸더라면, 힘줄이 파열될 위험에 처했을 것이다.

물리학적 법칙은 캥거루들의 몸집이 필요 이상으로 커지는 것을 방지해준다. 그러나 언제나 그랬던 것만은 아니다. 지금까지 발견된 캥거루 화석들은 한때 호주에 150kg에 달하는 큰 몸집의 캥거루들이 살았다는 것을 증명해준다. 연구자들은 자신들의 연구 자료를 근거로 옛적의 이 거대한 캥거루는 빠르게 뜀뛰기를 할 수 없었거나 뒷다리의 구조가 달랐을 것이라고 추측하고 있다. 아마도 그들은 오늘날의 캥거루들처럼 에너지가 절약되는 뜀뛰기 테크닉을 향유하지 못했을 것이다.

캥거루들은 뜀뛰기의 속도를 올리는 데에 있어서도 효율적인 메커니즘을 보여준다. 캥거루는 뜀뛰기의 분당 횟수를 증가시키기보다 뛰는 폭을 늘임으로써 속도를 올린다. 시속 10km로 뜀뛰기를 하든 35km로 뜀뛰기를 하든 일 초에 단 두 번만 뜀을 뛴다. 속도가 달라져도 뜀뛰기 횟수는 변하지 않는다는 말이다. 종종 사람들은 가만히 서 있던 캥거루들이 에너지가 많이 드는 짧고 빠른 뜀뛰기를 구사하며 이동하는 모습을 본다. 그러나 캥거루들은 에너지가 많이 들어 보이는 그 뜀뛰기를 통해 오히려 에너지를 절약한다. 캥거루들은 이 독특한 절약형 뜀뛰기를 통해 먹이를 찾거나 위험한 덤불을 벗어날 때에도 별 어려움 없이 이동할 수 있고, 광활한 호주 대륙을 어려움 없이 방랑할 수 있다.

여기서 하나의 의문점이 생긴다. 캥거루의 뜀뛰기가 굉장히 효율적인 이동방식이라면, 왜 그 방식을 활용하는 동물이 캥거루 하나 뿐인가 하는 점이다. 어째서 다른 동물들은 이 용수철 트릭을 활용하지 않는 것일까. 진화생물학자들 역시 아직 이 수수께끼를 풀지 못했다.

카리브 해의 명배우 아놀리스 도마뱀

카리브 분지는 대양주의 막다른 골목이지만 진화적 혁신의 무대가 되었다. 이곳에서는 무역풍으로 인해 적도 표면의 해류가 남동쪽으로부터 중부 아메리카의 지협 쪽으로 흐른다. 크리스토퍼 콜럼버스와 그 후의 스페인 정복자들은 이곳에서 극동지방으로 가는 바닷길을 찾아 시간을 허비했다. 그들은 너무 늦게 그곳에 도착했다. 이미 3백만 년 전 이전에 중부 아메리카의 부채꼴 섬들이 해저융기를 통해 육지로 연결되어 대서양과 태평양을 갈라놓았기 때문이다(아니 너무 일찍 왔는지도 모른다. 20세기 초에 들어 대서양과 태평양을 잇는 파나마 운하가 완성되었으니 말이다).

남아메리카 대륙의 동식물들에게 카리브 해의 섬들은 진화의 실험실과 다름없었다. 카리브 해 동쪽으로는 마치 거대한 빗의 이빨처럼 서인도 제도의 섬들이 늘어서 있다. 단 한 번도 아메리카 대륙과 육지로 연결된 적이 없었던 대양주의 이 섬들은 남아메리카에서 표류해온 동식물군의 이상적인 놀이터가 되었다.

지리학과 지질학적인 측면에서 볼 때 카리브 해는 진화에 필요한 갖가지 요소를 미리 겸비하고 있었던 생태학적 무대라 할 수 있다. 그곳에서 진화는 종 형성을 주제로 한 걸출한 연극을 선보인다. 알록달록한 색깔의 아

아놀리스속 도마뱀의 하나인 아놀리스 베르데(anolis verde).

놀리스Anolis속 파충류들은 이 연극의 재능 있는 주인공
들이다. 카리브 해의 자연환경은 잎사귀나 나뭇가지들
과 함께 해류에 떠밀려온 이 작은 이구아나들에게 늘 새
로운 역할을 부여했다. 이들 아놀리스 도마뱀은 다른 동
물들에 비해 비교적 오래전부터 카리브 해에 터를 잡은
동물 중 하나다. 히스파뇰라 지역에서 호박 결정에 파묻
힌 중신세 시기의 아놀리스 도마뱀이 발견되면서부터 이
들은 상당히 일찍부터 카리브 해에 서식한 동물로 인정

받았다. 아놀리스 도마뱀들의 진화 연극은 이미 2천만 년 전부터 시작되었던 것이다.

카리브 해의 고립된 섬들은 아놀리스 도마뱀들의 화려한 무대가 되었다. 고립된 섬들은 아놀리스 도마뱀들로 하여금 다윈의 자연선택 이론에 따라 독립적인 종들로 변해가게끔 시나리오를 이끌었다.

서인도 제도의 아놀리스 도마뱀은 색깔에 따라 두 부류로 나누어진다. 비교적 어둡고 창백한 색깔을 지닌 부류들은 평지에서 서식하는 반면, 새처럼 색깔이 화려한 부류들은 수풀이 우거진 열대우림에서 서식한다. 수컷 아놀리스에게는 목 부분의 처진 살을 부풀어 오르게 함으로써 자신을 과시하는 습성이 있는데, 이 부분의 색깔은 종마다 다르다. 동물계통학의 황금시대라 할 수 있었던 19세기 무렵부터 이런 색깔의 차이에 근거를 둔 새로운 아놀리스 종들이 속속 발견되었다. 오늘날 파충류학자들은 카리브 해 전 지역에 걸쳐 최소한 150종의 아놀리스 도마뱀들이 서식하고 있을 것으로 추정한다. 그중 가장 큰 섬인 쿠바에는 42종의 아놀리스 배우들이 서식하고 있고, 서인도 제도에도 17종의 아놀리스 배우들이 장기 공연 중에 있다.

자연의 변주에는 고전적인 패턴이 있기 마련이다. 이 패턴에 따라 아놀리스 도마뱀들 역시 크기에 따른 생태적 지위를 찾아간다. 쿠바의 아놀리스 도마뱀은 등 길이가 4cm에 불과한 녀석부터 20cm에 이르는 녀석까지 그 크기가 다양하다. 카리브 해의 진화 연극에 출연하는 아놀리스 배우들은 겉모습이 모두 비슷비슷하지만 무대로 사용된 섬을 어떤 식으로 점유하였는가에 따라 구분된다. 이들의 무대 점유 원칙은 간단하다. 한 종에 하나씩 섬을 맡는다는 것이다. 일례로, 도미니크 섬에는 올리브그린 색상의 아놀리스 오쿨라투스Anolis Oculatus라는 종이 있다. 이들 점유자들은 그 섬에 최초로 도착한 자들로서, 자신의 무리를 증강시켜가며 뒤늦게 섬에 도착한 여러 종의 '조난자'들에게 섬 환경에 적응할 기회를 절대로 허락하지 않았을 것이다. 물론 이러한 가정은 도미니크 섬처럼 크기가 작은 섬에만 국한되는 이야기다. 식물계가 뚜렷이 구분되는 중간 크기의 섬에는 크기가 다른 두 종의 아놀리스 도마뱀이 함께 서식하고 있는 경우도 있다. 먹잇감과 사냥지역이 겹치지 않기 때문이다. 이럴 경우, 두 종의 역할 분담은 엄격하다. 몸집이 작은 종은 얇은 가지와 나뭇잎 등을 선호하는 데 반해 몸집이 큰 종은 튼튼한 가지와 뿌리를 선호한다. 쿠바나 히스파뇰라 같은 커다란 섬들에는 다양한 지대와 함께 큰 규모의 식물계가 존재하므로 다수의 아놀리스 종들이 함께 어우러져 살기에 부족함이 없다. 사실 아놀리스 도마뱀들은 크기에 따라 서로 식성이 다르고 사는 곳이 다르므로 아주 좁은 공간에서조차 서로에게 방해가 되지 않는다. 진화 연극의 총 감독을 맡은 '자연'은, 아놀리스 배우들이 무대 위에서 상호간의 경쟁을 피할 수 있게끔 꼼꼼히 무대를 연출해 놓았다. 이 섬세한 연출력에 따라 아놀리스 도마뱀들은 서로에게 절대 피해를 주는 법이 없다. 심지어 같은 종끼리라도 암컷과 수컷에 따라 먹잇감이 다를 정도다. 즉, 수컷은 같은 종의 암컷보다 몸집이 조금 더 크며 먹이도 조금 더 큰 것을 잡아먹는다.

현재까지 입증된 생태적 시나리오 외에도 아놀리스 도마뱀들의 진화 연극에는 여전히 흥미로운 요소들이 차고 넘친다. 생물학자들은 최근 바하마 군도에서 실시된 진화 실험을 통해 그것을 직접 목도했다. 1970년대 말, 세인트 루이스 대학의 조너선 로소스는 아놀리스 사글레이 도마뱀 몇 마리를 그때까지 도마뱀이 서식하지 않던 엑수마Exuma 섬[2]에 풀어 놓았다. 이 도마뱀들은 모두 숲이 우거진 스태니얼 케이Staniel Cay 섬[3] 출신들이었다. 로소스는 숲에 살던 아놀리스 사그레이 도마뱀들이 나지막한 덤불만 가득한 황폐한 섬에서 얼마나 오랫동안 살아남을 수 있는지를 알아보고자 했다.

그러나 예상과는 달리 아놀리스 사그레이 도마뱀들은 놀라운 적응력을 보여주었고 낯선 생활공간에서 훌륭히 살아남았다. 대신 그들은 생존의 대가로 신체구조의 변화를 감수해야 했다. 새로운 환경에 적응하면서 다리가 점점 짧아진 것이다. 그러나 이들은 오히려 그 짧은 다리

2) 바하마 군도에 위치한 작은 섬.

3) 엑수만 근처에 위치해 있다.

로 키 작은 덤불 속을 더 잘 기어다닐 수 있었다. 각각의 식물 형태에 따라 도마뱀의 다리 길이가 달라지는 것은 이미 카리브 해의 수많은 아놀리스 도마뱀들에게서 관찰되었던 현상이다. 그러나 그런 변화들을 직접적으로 목격한 적은 없었다. 연구자들은 이 실험을 통해 새로운 환경에 대한 적응이 얼마나 신속히 이루어지는가에 대해 놀랄 수밖에 없었다.

새로운 섬에 방치된 아놀리스 도마뱀의 초기 개체군이 몇 마리 되지 않았다는 점, 섬의 고립, 그리고 변화된 환경이 카리브 해의 자연으로 하여금 15년 남짓한 짧은 시간에 새로운 액션 작품을 상연하게 했던 것이다. 동물학자들은 그 작품의 관객, 그것도 초연의 관객이 되었다.

강간을 통한 번식 전략, 청년 오랑우탄의 눈속임 작전

"암컷은 부끄러운 듯 손으로 얼굴과 알몸을 가렸고, 한숨을 쉬고 눈물을 흘리는 등 인간과 흡사하게 행동했다. 말을 못하는 것만 빼고는 인간과 똑같았다." 1630년경 네덜란드 의사 야코프 더 봉트는 빨간 털의 유인원에 대해 이렇게 서술하면서 그들을 '오랑우탄(숲 인간이라는 뜻)'이라고 명명했다. 그러나 드 봉트가 본 것이 아시아의 붉은 유인원 '오랑우탄'이었는지 아니면 '오랑우탄'이라 불리던 인도네시아 섬의 난쟁이 원주민이었는지는 아직까지도 확실하지 않다.

오늘날 동물학자들은 수마트라와 보르네오 인근에 서식하는 유인원을 오랑우탄이라 칭한다. 긴 팔과 커다란 손을 가진 오랑우탄은 우림의 나무 위에서 주로 생활한다. 나무 열매를 먹고 살며 바닥으로 내려오는 경우는 아주 드물다. 오랑우탄은 몸집이 큰 유인원 가운데 가장 독특하며 생활방식도 수수께끼 같다. 지구상에 현존하는 유인원 중 멸종이 가장 우려되는 종이기도 하다. 동물 보호가들은 인도네시아 우림의 무분별한 남벌이 이대로 지속된다면 2012년경이면 오랑우탄들이 모두 멸종될 것으로 내다보고 있다. 현재 살아 있는 오랑우탄은 2만 마리가 채 안 되는 것으로 추정되며, 그 얼마 안 되는 개체 수도 급격히 감소 중에 있다.

　인간과 오랑우탄은 같은 영장류이지만 그 관계는 늘 모순적이었다. 보르네오 섬의 다야크족이나 푼난족 같은 인도네시아 토착 부족들은 오랑우탄을 사냥하지 않는다. 전해 내려오는 보고에 따르면 그들은 오히려 "오랑우탄과 함께 전쟁에 출전했다"고 되어 있다. 서방의 자연연구가들은 오랑우탄과 인간의 행동이 비슷한 데 당황하여 그들을 갓 자라는 인간 아이들과 비슷한 부류로 여겼다. 오랑우탄을 한 번이라도 자세히 관찰해본 사람이라면 이들의 행동이 인간과 아주 유사하다는 사실을 인정하지 않을 수 없다. 최근 행동학자들은 오랑우탄의 행동을 더 가까이서 관찰한 결과 이 같은 결론에 도달했다. 특히 오랑우탄의 젊은 수컷들은 난감할 만큼 정교한 성적 트릭—성폭행에 이르기까지—을 사용해 짝짓기를 하는 것으로 평판이 났다.

　오랑우탄은 가족끼리 무리를 지어 살아가는 아프리카 침팬지나 고릴라와 달리 대부분 혼자서 원시림을 배회한다. 그러나 이것이 '반사회적'이라는 뜻은 아니다. 영장류연구가인 폴커 좀머에 따르면 오랑우탄의 공동생활은 고속 촬영기로 찍은 것처럼 진행된다고 한다. 장성한 수컷들은 혼자 거대한 구역을 배회한다. 그들은 고약한 사향 냄새(분비물 냄새)와 몇 킬로미터씩 울려 퍼지는 울음소리로 자신의 구역을 표시한다. 그들의 영토는 각각 한 마리의 새끼가 딸린 암컷들의 작은 구역 몇 개를 포괄한다.

구역을 선포하는 수컷 오랑우탄의 외모는 매우 인상적이다. 몸집은 암컷보다 두 배 가까이 크고, 붉은 빛을 띠는 털도 암컷보다 훨씬 길다. 넓게 불룩 솟은 뺨과 후두연골 사이의 낭 덕분에 얼굴도 아주 커 보인다. 1m 40cm까지 자라는 수컷들은 몸무게가 90kg에 육박한다. 나무에 사는 영장류 중 가장 무게가 많이 나간다. 그러나 모든 수컷이 다 그런 모습을 하고 있지는 않다. 7세에서 9세 정도에 이르는 갓 성숙한 수컷 오랑우탄은 무게가 다 자란 암컷 정도밖에 나가지 않고, 외양상으로도 암컷과 구별되지 않는다. 청소년기의 오랑우탄이 사춘기를 거쳐 장성한 수컷처럼 2차 성징을 보이는 데는 몇 년의 시간이 더 필요하다. 그들은 12~15세가 되어야 비로소 구역의 소유자들에게 중요한 경쟁 상대자가 되고, 암컷들의 짝짓기 상대가 된다.

동물학자들과 동물원 관리자들은 한참 잘 자라던 동물원 내의 수컷 오랑우탄이 갑자기 성장을 멈추는 현상을 종종 목격하곤 한다. 그런 발달지체는 유전적인 장애일 수도 있지만, 실제로는 사회적인 환경에 기인한다. 어린 수컷들이 장성한 수컷 오랑우탄과 더불어 지내게 될 경우, 스트레스를 받아 성장을 멈추는 것이다. 오랑우탄의 어머니라 불리는 캐나다 출신의 오랑우탄연구가 비루

테 갈디카스는 보르네오 섬에서도 같은 현상을 관찰했다. 반쯤 성장한 오랑우탄 수컷들은 다 자란 수컷이 부근에 돌아다니는 경우, 10년 혹은 그 이상까지 청소년기에 머물렀다. 한창 자라는 수컷들이 2차 성징을 보이기 시작하면 이미 다 자란 수컷은 경쟁자의 싹을 자르기 위해 이들의 발육을 방해하고 그 상태로 성장을 멈출 것을 강요한다. 어린 수컷들은 장성한 수컷의 기세에 눌려 결국 청소년기로 남아 있게 된다.

얼마 전, 오랑우탄들의 이런 '강요된 젊음'이 하나의 생존 전략 중 하나라는 것이 밝혀졌다. 미국 학자들의 최근 연구에 따르면 이들의 성장을 지체시키는 것은 스트레스가 아니라 일종의 눈속임이다. 연구자들은 오랑우탄의 잠자리를 추적하여 오랑우탄의 둥지 밑에 넓은 플라스틱판을 놓고 소변 테스트를 했다. 오줌에 함유된 각종 호르몬의 농도를 분석하면 관찰 동물들의 번식 습관을 은밀히 엿볼 수 있기 때문이다. 이 관찰을 통해 연구자들은 오랑우탄의 성생활에서 예기치 못했던 모습을 알아낼 수 있었다. 여기에 따르면 청소년기에 머무른 수컷들이 신체적으로 미성숙한 것처럼 보이는 것은 그저 눈속임일 따름이다. 호르몬 면에서는 이미 성장이 다 이루어진 상태로, 장성한 수컷과 다를 바 없이 호시탐탐 암컷을 노리고 있으며, 때로 임신시키는 경우도 비일비재하다는 것이다.

자라다 만 수컷들은 장성한 수컷과 마찬가지로 명백한 의도를 가지고 암컷에게 접근한다. 그러나 그들은 구역의 지배자인 수컷의 눈에 띄지 않게 소극적으로 행동함으로써 구역 지배자와의 불필요한 마찰을 줄인다. 보잘 것 없는 그들의 외모가 다 자란 오랑우탄으로 하여금 그들을 경쟁상대로 여기지 않게 하는 것이다. 장성한 수컷은 이들을 대적자로 고려하지 않는다. 그들이 단지 외모상으로만 미성숙하게 보일 뿐이라는 사실을 눈치 채지 못하는 것이다. 자라다 만 수컷의 테스토스테론 수치는 그들의 성욕이 왕성하고, 생식기관 역시 제 기능을 완전히 발휘할 수 있음을 암시한다. 테스토스테론의 형성과 분비를 자극하는 호르몬은 물론 정자의 성숙을 조종하는 호르몬도 마찬가지다. 성장을 중단한 것처럼 보이는 젊은 오랑우탄들의 고환 크기가 장성한 오랑우탄의 것과 동일하다는 것도 한 증거다.

연구자들의 결론은 다음과 같다. 자라나는 수컷들은 영토를 지배하는 수컷에 의해 위협당하거나 다툼이 일어나지 않게끔 오랫동안 어리고 순진한 척을 한다. 그런 식으로 위장을 해야 거주 구역에서 무리 없이 살아갈 수 있고 암컷과도 짝짓기를 할 수 있다. 생물학자들은 이런 행동을 진화상의 안정적인 전략이라고 본다. 반쯤 자란 수컷들의 짝짓기 전략은 대가를 치러야 한다. 암컷은 미성숙한 수컷과 짝짓기를 원하지 않으므로 어린 수컷들은 거의 강간을 하다시피 관계를 맺어야 한다.

오랑우탄들은 번식 기회를 높이기 위해 여러 가지 방법을 고안한 게 틀림없다. 장성한 수컷은 암컷을 차지하기 위해 다른 수컷과 끊임없이 경쟁해야 하고, 자신의 구역을 정복하고 관리하여, 몇 마리의 암컷이 거주하는 자신의 구역을 확보해야 한다. 자라나는 수컷들에게 기득권을 가진 성인 수컷들은 힘겨운 존재다. 그들에게 맞서 성적 능력을 과시하거나 힘자랑을 하는 것은 사실 너무나 불리하다. 그래서 이들 미성숙한 수컷들은 뒷구멍으로 짝짓기를 한다. 부계 확인 테스트에 따르면 오랑우탄 새끼의 상당수가 위계서열이 낮은 수컷의 후손이라고 한다. 우트레히트 대학의 영장류학자 스리 수시 우타미의 최근 보고에 따르면 수마트라 섬에서 태어나는 오랑우탄 새끼의 둘 중 하나는 눈에 띄지 않는 젊은 아빠의 자식이라고 한다.

자라다 만 수컷 오랑우탄들은 암컷들에게 인기가 없다. 대부분의 암컷들은 다 자란, 건장한 수컷들과의 짝짓기에만 관심이 있다. 때문에 젊은 수컷들은 짝짓기를 '도둑질' 해야 할뿐 아니라 강제 짝짓기를 해야 할 형편이다. 미국 출신의 영장류학자 부부 앤 내시 마기온칼다와 로버트 사폴스키는 "암컷들이 대부분 격렬하게 방어하기 때문에 그것은 말 그대로 강간에 다름없다. 암컷들은 강간을 시도하려는 수컷들을 물어 뜯으려하고, 평소에는 결코 들을 수 없던 커다란 소리로 비명을 질렀다"
고 언급한 바 있다. 이따금 장성한 수컷들에 의해서도 강
간이 이루어지긴 하지만 그것은 훨씬 드문 일이다. 보르
네오 섬의 현장 연구 결과는 부드럽게만 보이는 이 붉은
숲 원숭이들의 성적 범법 행위를 증명해준다. 두 사람이
관찰한 젊은 수컷의 짝짓기 151건 중 144건이 강제로
이루어진 것이었다. 95%가 강간이었다. 하지만 암컷이
다친 적은 없었다.

　오랑우탄은 이처럼 아름답지 못한 방식으로 후손을
만드는 유일한 영장류다. 그러나 오랑우탄들의 짝짓기
에 우리의 기준을 들먹일 수는 없다. 진화생물학자들은
오랑우탄들의 독특한 성생활을 그리 특별하게 여기지 않
는다. 유인원들은 자신이 처한 사회적 혹은 환경적 조건
에 따라 다양한 번식 전략을 구사하는 데 능한 것이 틀림
없다. 수컷 오랑우탄은 주변의 암컷을 끌어들일 수 있는
멋지고 건장한 성인 오랑우탄으로 성장하든가, 이미 구
역을 차지한 힘센 수컷의 눈을 속이고 '플랜 B'를 계획
하든가 둘 중에 하나를 실현시켜야 한다. 자신이 처한 상
황에서 최선을 다해 후손을 생산하기 위해서 말이다.

"Make love, Not war"
보노보원숭이들의 평화 연대

사람들은 박물관을 먼지 쌓인 유물들로 가득 찬 지루하고 심심한 공간으로 여긴다. 그러나 박물관에서도 때로 극적인 일들이 벌어진다. 보노보원숭이의 발견도 독일의 한 동물학자가 벨기에의 어느 박물관을 방문한 덕택에 이루어진 일이었다. 그러나 극적인 발견에도 불구하고 보노보원숭이는 큰 주목을 받지 못했다. 이들이 유명세를 타게 된 건 최근 그들의 방종한 성생활이 알려진 탓이다. '사랑에 탐닉하는' 부드러운 영장류에 대한 호기심이 사람들의 관심을 촉발시킨 것이다.

1929년. 독일의 동물학자 에른스트 슈바르츠는 보노보원숭이에 대한 아무런 사전정보 없이 벨기에 테르뷔랑에 소재한 아프리카 자연과학 전문 박물관을 방문했다. 그는 이 박물관에서 콩고 강 좌측 유역에서 발견된 어느 침팬지의 굉장히 작은 두개골에 주목했는데, 그때까지 그 뼈는 한창 성장기에 이른 어린 침팬지의 것으로 잘못 분류되어 있는 상태였다. 슈바르츠는 두개골 뼈의 이음새가 완벽하게 맞물려 있는 것을 보고, 그것이 빈약한 체구를 지닌 성인 유인원의 것임을 알게 되었다. 슈바르츠는 두개골의 주인공이 콩고 강 남쪽에 사는 침팬지의 아종일 것이라고 추측했다. 그리고 4년 후 미국의 동물학

다 자란 보노보 암컷. 다른 원숭이 종들에 비해 날씬하고 팔다리가 길다.

자 해럴드 쿨리지는 빈약한 체구의 이 침팬지가 독자적인 종으로 분류될 만큼 다른 침팬지와 차이가 난다는 것을 알게 됐다. 더 작은 침팬지라는 뜻의 '판 파니스쿠스 Pan paniscus'라는 학명은 이렇게 탄생했다.

난쟁이 침팬지라는 별칭으로 불렸던 이 유인원이 바로 오늘날의 보노보원숭이다. 보노보라는 이름은 콩고의 볼로보라는 지명에서 유래한 것으로 추측되는데, 이제는 학자들도 판 파니스쿠스라는 학명보다 보노보라는 이름을 더 선호한다. 보노보원숭이의 키가 1m 20cm 정도로 일반적으로 알려진 침팬지 판 트로글로디테스Pan troglodytes와 비슷하기 때문이다. 보노보원숭이는 판 트로글로디테스보다 더 날씬하고 팔다리가 길며, 깔끔한 가리마로 검은 머리가 양쪽 갈래로 나뉘어져 있는 게 특징이다.

보노보원숭이들은 콩고 강 남쪽 해발 200m 이하의 열대저지우림에 서식하는데, 이 지역은 늪지대인 데다 말라리아가 창궐하여 지구상에서 가장 접근하기 힘든 지역 중 하나다. 오랫동안 보노보원숭이의 생활상이 알려지지 않은 것도 이런 지리적 요인 때문이었다. 보노보원숭이들은 생활양식과 사회적 행동의 측면에서 보통의 침팬지들과 다른 모습을 보여준다. 다른 원숭이 사회에서와는 달리 보노보원숭이들의 사회에서는 암컷이 지배적 위치를 차지한다. 이들에게 섹스는 공동체의 긴장과 불만을 해소하고 유대감을 돈독하게 하는 수단이다. 보노보원숭이의 생동감 넘치는 성생활이 인간을 포함한 다른 모든 영장류를 능가한다는 것을 인식하게 되기까지는 50년도 넘는 시간이 걸렸다.

보노보원숭이의 성생활에 대한 첫 보고서가 나왔을 때 학자들의 반응은 믿을 수 없다는 게 일반적이었다. 독일의 영장류학자 폴커 좀머는 "보고된 내용은 포르노 필름에 나오는 광란의 레퍼토리를 연상시켰으므로 학자들은 그런 행동을 동물원에 갇혀 사는 데서 비롯된 비정상적 장애 행동으로 파악했다"고 말한 바 있다. 얼마 안 가 그런 행동이 동물원에 갇혀 사는 보노보원숭이들에게만 국한된 것이 아니라는 사실이 드러났다. 콩고의 야생에서 살아가는 보노보원숭이들도 암컷 중심으로 공동체를 형성하며, 수컷들은 부차적 역할을 한다는 것, 짝짓기가 그들 사회 행동의 핵심이라는 것을 여실히 보여주었다. 보노보원숭이들의 사회 활동은 곧 성적 접촉이며, 보노보 사회에서의 섹스는 곧 모든 것을 가능하게 해주는 최상의 화폐라고 할 수 있었다.

보노보원숭이들에 대한 현장 연구는 콩고의 두 지역을 중심으로 이루어졌다. 1974년 이래 쿄토 대학의 다카요시 카노를 위시한 일본 연구팀은 콩고 왐바 근처의 150km 반경의 원시림 지역인 루아-동물 보호지구에서 보노보원숭이들에 대한 데이터들을 수집했다. 미국의 영장류학자들도 1970년대 중반부터 콩고 로마코 지역에서 보노보원숭이들의 생태를 연구하고 있으며, 독일의 두 생물학자 고트프리트 호만과 바바라 프루트도 1990년부터 막스 플랑크 연구소의 지원을 받아 연구를 계속하고 있는 중이다. 연구 결과에 따르면, 보노보원숭이들은 "Make love, Not war"를 외치며 성적인 자유로움을 추구한 1960년대의 히피들을 연상시켰다. 암컷들은 "함께 있으면 강하다"라는 모토에 따라 서로 연대를 이루어 힘센 수컷들에게 효과적으로 대항하고 이들을 견제했다.

고트프리트 호만과 바바라 프루트는 여름의 몇 달씩을 로마코에서 보내며, 보노보 암컷들의 독특한 협동관계를 캐고, 누가 누구와 얼마나 자주 함께 하는가를 관찰했다. 보노보원숭이들은 보통의 침팬지들과 마찬가지로 무리를 지어 다닌다. 무리의 크기와 구성원은 유동적이다. 이 같은 '융합(fusion)-분열(fission)' 사회는 크게는 약 60마리의 구성원으로 이루어지고, 먹이 제공 상태에 따라 $20{\sim}50km^2$의 지역을 권역으로 둔다. 그러나 대부분의 무리는 이보다 더 작은 편이다. 각 무리에 속한 보노보 암컷은 서로 우정의 관계를 맺는다. 동맹을 맺은 암컷들은 대부분의 시간을 함께 보낸다. 그에 반해 다른 무리에 속한 암컷들은 서로 배척하고 싫어한다.

최근의 분자유전학 연구에 따르면 같은 무리에 속한

암컷 보노보들의 GG-rubbing.

암컷들은 학자들의 예상과는 달리 친족 관계가 아니었
다. 보통의 동물들이 남매끼리 혹은 가까운 친척끼리 무
리를 구성하는 데 비해 보노보 암컷들은 친척 관계를 전
혀 고려하지 않는다. 반대로 수컷들은 자신이 태어난 무
리에 일생 동안 속하게 되는데, 같은 무리끼리는 대개 혈
연관계로 구성되어 있다. 하지만 수컷들의 관계는 표면
적인 연합에 불과해 '강한' 암컷들에게 제대로 응수하지
못한다. 암컷들의 단합은 수컷의 우세함에 대항하는 확
실한 수단이 된다. 먹이를 먹는 장소에도 대부분은 수컷
들이 먼저 등장했지만, 암컷이 나타나는 즉시 수컷들은
좋은 자리를 내준다. 수컷에게 지배되는 다른 침팬지 무
리나 영장류 사회에서는 상상할 수도 없는 일이다. 보노
보 원숭이 사회에서는 암컷들이 자신과 새끼를 위해 크
고 잘 익은 과일이나 맛있는 먹을거리를 최우선적으로

확보할 수 있다.

이들 공동체에서 암컷의 파워를 결정하는 것은 보노보원숭이의 특이한 성생활이다. 보노보원숭이들은 특이하게도 '인간적인' 자세로 짝짓기를 한다. 얼굴과 얼굴을 맞대고 교미를 하는 것이다. 독일의 영장류학자인 에두아르트 트라츠와 하인츠 헤크는 1950년대에 뮌헨 소재 헬라브룬 동물원에서 보노보원숭이들의 짝짓기를 관찰하고는 이렇게 표현했다. "침팬지들은 강아지들처럼 (more canum) 짝짓기를 하지만, 보노보는 인간적인 방식으로(more hominum) 짝짓기를 한다." 처음에 학자들은 동물원의 보노보들만 이런 자세를 취하는 것이라고 생각했다. 그러나 1970년대에 와서 보노보의 이런 특성은 야생에서도 관찰되었다. 왐바 지역에서 관찰된 짝짓기 셋 중 하나가 이런 식으로 진행되었던 것이다. 이런 사실에 근거해 영장류학자들 사이에서는 보노보원숭이들이 인간처럼 짝짓기를 한다는 인식이 보편화되었다. 보노보 암컷의 생식기는 이런 자세에 적합한 형태로, 클리토리스를 비롯한 외음부가 다른 유인원들에 비해 앞쪽으로 튀어 나와 있다.

이것이 전부가 아니다. 보노보원숭이는 성적으로 흥분을 잘한다. 그리고 아주 다양한 상황에서 갖가지 포즈로 성적 흥분감을 표시한다. 보노보 암컷은 다른 침팬지들에 비해 성행위 시간이 더 길고 인간 여성처럼 성적으로 민감한 모습을 보여준다. 보노보원숭이들에게 있어 성생활과 후손 생산은 별개의 문제다. 인간의 특권으로만 알려졌던 '번식 외의 섹스'가 보노보 사회에서도 이루어지고 있는 셈이다. 보노보 암컷들은 가임기가 아닌 때에도 성적인 매력을 발산하고 왕성한 성생활을 한다. 심지어 임신 중이거나 새끼에게 젖을 주고 있을 때에도 교미를 한다. 보노보 암컷은 자신의 무리에 속한 수컷들뿐 아니라 다른 무리의 수컷들과도 짝을 짓는다. 이들은 보통 하루 50번까지, 열 마리 이상의 수컷들과 짝짓기를 할 수 있으며, 암컷끼리도 성적인 행동을 보여준다. 실제로 무리의 각 구성원이 다른 구성원들과 성적 접촉을 갖는 사례가 수차례 관찰되었다. 심지어는 어린 보노보와 다 자란 보노보 사이에서도 교미가 이루어졌다.

종종 암컷끼리 팔과 다리로 서로를 껴안고 배를 맞댄 채 성기를 문지르는 행위도 관찰되었다. 영장류학자들은 이런 독특한 행동을 'GG-rubbing'이라고 부르며 그것을 명백히 성적인 행동으로 해석한다. 그러나 이런 행동이 보노보원숭이 사회에 어떤 의미를 갖는지에 대해서는 학자들마다 의견이 분분하다. 동성애적 욕구를 만족시키려는 것으로 파악하는 학자들도 있지만 덴마크 출신의 미국 영장류학자인 프란스 데 발의 경우에는 그것을 화해의 제스처이자 평화적 메시지가 담긴 신체 접촉의 하나로 해석한다. 그의 견해에 따르면 GG-rubbing, 구강성교, 생식기 마사지 등 보노보원숭이들의 여러 성적 행동들은 긴장이 감도는 상황을 완화시키기 위해서라고 한다. 보노보원숭이의 이런 성적 행동은 무리 구성원들 간의 유대관계를 견고하게 해주고 화합을 이루는 데 기여한다. 실제로 프란스 데 발은 보노보원숭이들이 대립이 있은 후, 즉 종종 먹이나 암컷을 놓고 싸우고 난 후에 친밀한 접촉을 시도하는 것을 목격했다. 그는 보노보원숭이들이 성적 분위기를 풍기는 행동으로 대립과 반목을 피한다고 생각했다.

암컷끼리의 연대와 번식 없는 짝짓기, 추가적 의미를 지닌 성적인 행위들은 따라서 호모 사피엔스의 전유물이 아니다. 그렇다면 평화를 세우고 갈등을 없애고자 성적 행위를 구사하는 보노보원숭이들이 인류보다 한 차원 높은 휴머니티를 가지고 있는 것일까? 그렇지는 않다. 일본과 독일 학자들의 현장 연구에서 보노보원숭이들은 상대방의 사지를 절단하는 등 심각한 상해를 불러오는 행동을 하는 것으로 목격되었다. 이런 일을 당하는 건 대개 수컷인 경우가 많았다. 암컷들이 특정 수컷에 대해 공동의 관심사를 관찰시키려 할 때, 대상이 된 수컷은 암컷보다 몸무게가 몇 킬로그램이나 더 나감에도 불구하고 암컷들에게 억압당하고 크게 상해를 당했다. 동물원에서의 연구 결과 동물원에 사는 보노보원숭이 90마리 중 심각한 부상—고환을 잘린 원숭이도 있었다—을 당한 것은 모두 수컷들이었다.

보노보원숭이들이 영장류의 사회적, 성적 뿌리에 대해 흥미로운 정보를 담고 있는 것만은 사실이다. 그러나 그들의 행동을 가지고 인간 행동의 근원과 탄생을 추론하는 게 과연 타당한 것일까? 학자들은 인간과 유전적으로 가까운 보노보원숭이의 행동이 과연 얼마만큼 우리의 생물학적 패턴과 일치하는가에 대해 아직 왈가왈부하는 형편이다. 몇몇 인류학자들은 보노보 암컷들의 빈번한 짝짓기에서 더 약한 성의 전략을 읽어낸다. 다른 침팬지 사회에서도 짝지을 준비가 된 암컷은 늘 수컷에게 먹을거리를 얻는다. 많은 학자들은 우리 조상들도 섹스를 목적을 위한 수단으로 사용했을 것이라고 말한다. 남성이 사냥해온 것을 누리기 위해 여성들이 성적인 매력을 발산했을 거라고 추측하는 것이다. 프랑스 데 발이 추측하는 대로, 여성들은 남성의 부양에 대한 대가로 성적인 만족감을 제공하는 것일까?

보노보원숭이들의 난잡한 성생활은 가부장적으로 구조화된 호모 사피엔스에게 굉장히 흥미로운 모델이다. 하지만 이들 모델에 대한 학문적 연구는 이제 막 시작되었다. 프랑스 데 발의 말대로 만일 이제까지 진행되어 온 영장류 연구가 보노보원숭이를 대상으로만 이루어졌다면 생물학의 기반 자체가 달라졌을지도 모를 일이다.

탕가니카 호에 깃든 '잃어버린 세계'

"달팽이들의 천국!" 수정같이 맑은 열대의 호수에 몇 미터 잠수했을 때 내 머릿속에 스친 말이다. 호수 밑으로는 완만한 언덕을 따라 커다란 바위들이 펼쳐져 있다. 바위들은 모두 수초로 덮여 있고, 그 위의 얇은 퇴적층에는 엄지손가락만 한 달팽이들이 풀을 뜯으며 기어간 자국들이 나 있다. 이윽고 딱딱한 껍질을 가진 달팽이들이 눈에 들어온다. 달팽이들이 물속 풍경을 가득 메우고 있다. 탕가니카 호는 정말이지 민물달팽이들의 천국이다.

가장 먼저 눈에 띄는 것은 라비게리아Lavigeria 달팽이의 크고 멋진 껍질들이다. 라비게리아 달팽이들은 대부분 돌 위에 붙어 있다. 스페키아Spekia 달팽이도 있다. 좁은 강기슭에서 주로 서식하는 이 녀석은 수면 바로 밑에서도 쉽게 찾아볼 수 있다. 좀 더 내려가니 바위 사이의 고운 진흙 위로 파라멜라니아 그라실라브리스 Paramelania grassilabris 달팽이가 눈에 들어온다. 레이몬디아Reymondia 달팽이와 브리도키아Bridouxia 달팽이 같은 둥그스름한 집을 가진 작은 달팽이들도 눈에 띈다.

나는 탕가니카 호에 잠수하는 아주 짧은 시간 동안 오늘날 중부 유럽 전체의 호수를 통틀어 발견할 수 있는 것보다 많은 양의 다양한 달팽이들을 만났다. 탕가니카 호 달팽이들의 집은 민물달팽이들보다는 바다달팽이를 닮았다. 탕가니카 달팽이들은 지구상의 다른 어느 곳에서도 찾아볼 수 없는 독특한 종이다. 이들의 파라다이스는 오로지 탕가니카 호 뿐이다.

10년 전 내 발걸음을 탕가니카 호로 이끈 것은 이 달팽이들이 다른 곳에는 서식하지 않는 독특한 종이고 따라서 그들만의 진화과정을 거쳐 왔을 거라는 사실이었다. 당시에도 그랬지만 지금도 나는 이런 질문을 던진다. 탕가니카 호에 이렇게 많은 종의 담수 달팽이들이 서식하고 있는 이유는 무엇일까? 그리고 그들 중 많은 종이 하필 왜 이 호수에서만 서식하고 있는 것일까? 그동안의 연구가 알려주듯 탕가니카 호는 여러모로 독특한 호수다. 말 그대로 시간에 의해 '잊혀진 세계'였다. 이토록 유일하고 독특한 탕가니카 호의 생물계는 우리에게 신비한 자연 현상들을 설명해준다.

크고 오래된 호수는—오세아니아 섬들과 고립된 고원 지대들과 마찬가지로—진화의 소우주와 다름없다. 이런 장소를 통해 우리는 진화의 진행과정, 즉 생물의 발전과 변화과정을 마치 현미경 들여다보듯 자세하게 관찰할 수 있다. 생물학자들에게 있어 고립된 서식지는 동식물의 진화과정을 설명해줄 천혜의 실험실이다. 종의 형성이나 적응 같은 자연의 복잡한 현상들을 직접적으로 연구할 수 있기 때문이다. 이 천연 실험실에서는 종종 아주 독특한 동식물 세계가 목격된다. 탕가니카 호처럼 커다랗고 깊은 호수들이 갖춘 두 가지 조건, 즉 독자적인 발전에 필수적인 고립과 다채로운 환경 때문이다.

탕가니카 호의 달팽이들은 다양한 시클리드과科 물고기들과 더불어 진화생물학 연구의 이상적인 모델 중 하나다. 수많은 담수 복족류 중에서도 우리 연구팀이 연구 대상으로 삼은 것은 티아리대Thiaridae과로 분류되는 왕관달팽이였다. 이 달팽이는 강어귀의 바닷물 섞인 강물에서부터 원시림의 시냇물에 이르기까지 열대 지방의 모든 담수에 서식하고 있으며, 비스마르크 군도와 피지 섬 같은 남태평양의 외딴 섬에도 일부 서식하고 있다.

왕관달팽이를 특별히 연구 대상으로 삼은 이유는 '적응방산'이라는 진화현상을 설명해줄 가장 이상적인 모델이기 때문이다. '적응방산'은 하나의 조상형이 섬세하게 분할된 생활공간에 정착하여 그곳에 적응하면서 빠르게 분화해 나가는 현상이다. 이 달팽이는 동아프리카 일대나 인도네시아 술라웨지 섬처럼 지구의 몇몇 열대 호수에서만 서식하는 몇 십 개의 하위 종을 출현시켰다는 점에서 우리의 연구 목적에 정확히 부합했다.

왕관달팽이는 현지 호수에서 실시된 수많은 연구들과 베를린 자연과학 박물관의 연구를 통해 새로운 종의 형성과 그 메커니즘에 대한 중요한 사실들을 가르쳐 주었다. 이를 통해 우리는 공간적 고립 외에도 생태적 요인이 종 형성 과정에 지대한 영향을 끼친다는 사실을 알아냈다. 달팽이들은 적과의 경쟁에서 살아남기 위해 끊임없이 환경에 적응해야 했고, 그로써 조상보다 더 섬세한 생태적 지위를 확보할 수 있었던 것으로 보인다.

그동안 대부분의 학자들은 탕가니카 호의 달팽이들을 모두 자생적인 동물로 파악해왔다. 우리는 그들 견해의 타당성 여부를 규명하고자 노력 중에 있다. 많은 진화생물학자들은 탕가니카 호의 달팽이나 농어 등에서 볼 수 있는 종 다양성이 적응방산과 종 형성의 결과라는 데 의견을 함께 한다. 종 형성은 변화하는 생태적 조건에 빠르게 적응해나감으로써 이루어진다. 탕가니카 호의 달팽이나 농어들은 이런 과정을 통해 다른 동물들이 점유하지 않은 생활공간에서 유리한 생태적 지위를 확보해—엄밀히 말해 생태적 지위를 차지했다거나 확보했다고 말하면 안 된다. 왜냐하면 생태적 단위는 결코 공간의 단위가 아니라 환경적 요인이 동물 스스로 가지고 있는 특성들과 결합하여 상호작용하며 생겨나는 것이기 때문이다—나갔다. 학자들은 이와 같은 '적응방산'의 과정을 통해 비교적 제한된 공간에서 짧은 시간—지질학적인 시간을 말한다—안에 다양한 종이 출현할 수 있었던 것으로 추측한다.

적응방산 과정에서 동물들은 형태적으로 그 모습을 달리 하거나 고유의 생태적 습성을 벗어나기도 한다. 마치 계통적으로 서로 가깝지 않은 과나 강에 속하는 동물들처럼 말이다. 탕가니카 호의 독특한 달팽이들도 매우 광범위한 종 다양성을 보여준다. 그중 가장 눈에 띄는 것이 달팽이의 혀에서 확인할 수 있는 이빨 형태. 모든 달팽이는 입에 치설[4]을 가지고 있는데, 치설 위에는 아주 미세한 이빨들이 박혀 있다. 오래전부터 연체동물학자들은 치설의 이빨 형태를 달팽이 무리의 연관성을 구분 짓는 계통적 특성으로 활용해왔다. 담수 달팽이들 역시 치설의 세부적인 생김새를 통해 확연히 구분된다. 가령 주사탐침현미경[5]으로 관찰하면 티아리대 달팽이들과 지중해에서 서식하는 멜라놉시대Melanopsidae 달팽이, 아프리카와 아시아에 서식하는 팔루도미대Paludomidae 달팽이를 각각 구별할 수 있다. 서로 친척뻘에 속하는 북아메리카의 플레로세리덴Pleuroceriden 달팽이와 남반구 대륙에 서식하는 파치칠리덴Pachychiliden 달팽이들도 치설 분석을 통해 분류가 가능하다.

탕가니카 호 달팽이들의 경우는 좀 특별했다. 탕가니카 호 달팽이들 역시 치설의 형태를 통해 그들이 팔루도무스Paludomus 달팽이의 친척이라는 것을 증명해 보인다. 그러나 내가 지금까지 관찰해온 36종의 탕가니카 호 달팽이들은 치설과 이빨의 형태가 당황스러울 정도로 다양했다. 이 다양한 형태에 힘입어 나는 이제 다른 연구자들이 달팽이집을 통해 종을 구분하는 것처럼 이빨의 모양만으로 각 달팽이의 속屬뿐 아니라 종까지 명확히 구

4) 연체동물의 입속에 있는 줄 모양의 혀. 키틴질이 많은 작은 이빨로 이루어져 있으며, 먹이를 섭취하는 구실을 한다.

5) 날카롭고 뾰족한 탐침(probe)을 사용해 시료의 형상을 판독하는 데 쓰인다. 시료에 탐침을 직접 접촉 또는 근접시켜 스캐닝(scanning)하는 방법을 쓴다.

분할 수 있다. 이런 구분은 달팽이집이나 다른 특징을 전혀 보지 못했을 때도 가능하다.

연구가 진행되면서 우리는 일정한 패턴을 인식할 수 있었고 치설을 근거로 탕가니카 달팽이의 특정한 종이나 속을 구분 지을 수 있었다. 몇몇 달팽이들은 매우 기괴한 치설 형태를 가지고 있었는데 이는 그들이 아주 독특한 달팽이임을, 즉 아주 독자적인 발달을 거쳐 온 달팽이임을 입증한다.

세부적인 생태 연구가 아직 부족한 편이긴 하지만 지금까지의 연구 결과를 볼 때 각 달팽이들의 독특한 치설과 이빨 형태는 호수 내의 다양한 먹잇감들과 관련이 있는 것으로 보인다. 가령, 호수 위쪽 둑 근처 바위에 서식하는 스페키아 달팽이와 스토름시아Stormsia 달팽이는 바닷말을 주로 먹고 거의 주걱처럼 생긴 이빨을 가지고 있다. 그에 반해 호수 깊은 곳 연한 흙에서 서식하는 파라멜라니아Paramelania 달팽이와 티포비아Tiphobia 달팽이는 앞으로 가느다랗게 돌출된 이빨을 지니고 있다. 진흙 바닥 위에서 먹이를 효과적으로 쓸어 모으기 위해서다.

탕가니카 호의 물고기 및 연체동물의 약 70%는 오로지 탕가니카 호에만 서식하는 것들이다. 아프리카에 서식하는 24속의 달팽이 중 탕가니카 호에서만 볼 수 있는 달팽이는 모두 17속이다. 이들은 그 자체로 각각 하나의 종이다. 생물계통학자들은 이런 경우를 일컬어 단형속

(monotypic)이라 한다. 단형속인 달팽이가 많다는 것은 탕가니카 호 동물상의 극단적인 특수성을 반증하는 사례이기도 하다.

우리 연구의 가장 중요한 발견 중 하나는 탕가니카 호의 모든 달팽이들이 서로 가까운 친척이며 하나의 공통 조상으로부터 분화해 나왔다는 사실이다. 다년간에 걸친 분자유전학 연구는 탕가니카 호 달팽이의 많은 종들이 단계통(monophyletic)이라는 것, 즉 전체 구성원이 공통 조상의 후손이라는 것을 증명해주었다. 많은 연구자들은 호수의 다른 동물들처럼 달팽이들 역시 '언젠가 탕가니카 호에 서식하기 시작한' 한 종의 공통 조상에게서 유래했을 것이라고 추측해왔다. 내 동료 학자 중 한 명인 엘리노어 미쉘도 십 년에 걸쳐 연구하는 동안 이 점을 지속적으로 강조했다. 그녀는 다른 연구자들처럼 모든 달팽이의 공통 조상이 이 호수에 서식했고 그 후에 비로소 종의 방산이 일어났다고 추측했다.

하지만 최근에 얻어낸 우리의 분자유전학적 연구 결과는 그것과는 다른 추론을 뒷받침한다. 탕가니카 호의 여러 달팽이들은 호수에 서식하던 그들의 공통 조상에서부터 분화해 나온 것이 아니라, 호수가 생성되기 오래전부터 이미 아프리카의 강이나 옛 호수들에 서식하고 있었다는 것이다.

우리는 분자유전학적 연구를 통해 탕가니카 달팽이들

의 유전자 정보를 서로 비교해본 뒤 크게 놀랄 수밖에 없
었다. 연구 과정에서 우리는 서로 다른 유전자 조각의 시
퀀스를 비교함으로써 계통수를 만들고 분자시계의 도움
을 받아 계통수의 갈래가 생겨난 연대를 추정할 수 있었
는데 그 결과는 충격적이다. 6천 5백만 년 전에 멸종했
다고 여겨지던 공룡이 지구 어디에선가 발견되었다는 소
식보다 덜하지 않을 것이다. 탕가니카 호의 일부 달팽이
들은 그 진화노선이 공룡만큼 오래된 것으로 추정된다.
이 달팽이들은 탕가니카 호가 생기기 이전부터 아프리카
담수의 생활공간에 서식하고 있었던 듯 보인다. 공룡시
대부터 이미 지구상에 존재하고 있었다는 말이다. 물론
우리의 연구가 이 달팽이들을 공룡과 동시대에 살았던
생물이라고 확신하기에는 아직 미진한 구석이 있다. 그
러나 적어도 이 달팽이들이 탕가니카 호가 생기기 이전
부터 지구상에 존재했다는 것만은 적어도 확실하다. 이
달팽이들의 조상은 아주 일찍부터 중앙아프리카 우림의
강과 시내에 서식했을 것이고 그곳의 생태적 조건에 적
응하면서 다양한 형태의 달팽이집과 치설을 형성했을 것
이다. 그들의 유전적 유산은 그들이 아프리카의 오랜 거
주자임을 증명해준다.
　보통의 경우였다면 이런 태곳적 달팽이들은 공룡이나
다른 고대의 동물들처럼 사멸해버렸을 것이다. 우연스
러운 일이었지만, 이 달팽이들은 천 2백만 년 전 동아프

리카 대지구대의 활동으로 탕가니카 호가 생겨나면서 멸종을 면할 수 있었다. 주변 세계는 변화를 거듭했지만 이호수 안은 아서 코난 도일의 소설에서처럼 '잃어버린 세계'가 되었고, 담수 달팽이는 그 안에서 진화를 거듭하며 꿋꿋이 살아남을 수 있었다. 쥐라기 시대에 탕가니카호는 호수가 아닌 바다였을지도 모른다. 이런 가설은 백년 전부터 제기되어 왔다. 가설의 사실여부를 떠나, 이거대한 담수호가 아프리카 달팽이들을 위한 '노아의 방주' 역할을 했던 것만은 확실하다. 탕가니카 호의 달팽이는 연체동물계의 공룡쯤이라 해도 과언이 아니다. 탕가니카 호는 종 형성의 '부화장'이 아닌 '저장통'으로 사용되었다고 보는 것이 옳을 듯하다. 생물학적 종 형성의 'Hot spot'이라기보다는 다른 곳에 있었더라면 오래전에 사멸했을 달팽이들의 '보존소'로서 말이다.

최근 생물학자들은 탕가니카 호에 서식하는 수많은 달팽이 종과 관련하여 그 다양한 종들이 각각 어느 시기에 탄생되었는지를 연구하고 있다. 오랫동안 학자들은 이런 종 방산의 원인이 탕가니카 호 달팽이들의 특이한 번식법 때문이라고 생각했다.

탕가니카 호 달팽이들 중 하나인 왕관달팽이의 산란법은 독특하다. 그들은 제 몸속에 알을 낳아 그 안에서 직접 새끼들를 부화시킨다. 이런 면에서 왕관달팽이는 어느 정도 '유대류 달팽이'라 할 수 있다. 왕관달팽이가 속한 티아리대과 달팽이들은 담수에서든 해수에서든 대부분의 달팽이들과 달리 식물이나 돌 위에 알을 낳지 않고, 특별한 주머니 속에서 새끼를 부화시킨다. 이것은 여태껏 그다지 관심을 끌지 못했던 티아리대과 달팽이의 매력적인 특성 중 하나다.

일선 연구자들은 탕가니카 호 달팽이들이 보여주는 다채로운 종 다양성이 이런 특별한 번식 방법 때문이라고 생각했다. 탕가니카 호 달팽이들을 모두 티아리대과로 분류하는 오류를 범한 것이다. 내 미국인 동료 엘리노어 미쉘과 그녀의 스승 앤디 코엔은 10년 넘게 기회 있을 때마다 이 점을 설파하고자 했다.

그러나 학자들은 이제 더 이상 달팽이들의 특이한 번식법과 종의 분화 사이에 어떤 연관성이 있는지 규명할 필요가 없어졌다. 우리의 연구 결과 중요한 전제가 결여되어 있다는 것이 드러났기 때문이다.

우리는 해부 연구를 통해 탕가니카 호 달팽이들이 진짜 왕관달팽이가 아니라는 사실, 즉 티아리대과 달팽이에 속하지 않는다는 사실을 밝혀냈다. 앞서 언급한 바와 같이 탕가니카 호 달팽이들은 오히려 팔루도무스Paludomus 달팽이와 클레오파트라Cleopatra 달팽이에 더 가까운 특징을 지니고 있다. 따라서 탕가니카 호의 달팽이들은 티아리대과에 속한다기보다 팔루도미대과에 속한다고 할 수 있다. 그밖에도 우리는 왕관달팽이와 같은 방법으로 새끼를 낳는 달팽이들은 그 종류가 몇 종 되지 않는다는 사실도 밝혀냈다. 라비게리아 달팽이, 티포비아 달팽이, 탄자니시아Tanganycia 달팽이만이 같은 방법으로 새끼를 낳았던 것이다. 이 중 티포비아 달팽이와 탄자니시아 달팽이는 1속 1종의 단형속 동물이다. 그에 반해 바다달팽이속에 속하는 다른 모든 달팽이들은 다른 곳에 서식하는 대부분의 달팽이들과 마찬가지로 알을 통해 새끼를 낳았다.

우리는 독특한 방법으로 새끼를 낳는 이 세 속의 달팽이들에 매료되어 보다 중점적으로 연구를 진행했다. 그 결과 탄자니시아 루포필로사Tanganyicia rufofilosa 달팽이의 암컷만 부화 주머니를 가지고 있다는 사실을 알아냈다. 이 달팽이는 새끼를 밴면 발바닥에 특별한 인큐베이터 공간을 마련해 새끼를 부화시킨다. 그곳에서 장시간에 걸쳐 부화된 새끼들은 부화 주머니 옆의 구멍을 통해 비로소 세상에 나오게 된다.

라비게리아 달팽이와 티포비아 달팽이에게는 부화 주머니가 없었다. 이 달팽이들은 생식강을 일종의 자궁으로 변형해 사용했다. 그 안에서 배아가 새끼로 성장할 때까지 수정된 알을 품고 있는 것이다.

이렇게 해부적으로 서로 다른 구조를 보여주는 것은 티아리대과 달팽이들의 번식 방법이 제각기 독립적으로 발달해왔음을 말해준다. 어떤 달팽이는 부화 주머니에서 새끼를 기르고 어떤 달팽이는 자궁에서 새끼를 기른다. 공통적인 것은 부화 과정이 모두 몸속에서 진행된다는 점이다. 우리는 이러한 부화 방법이 달팽이들의 생존률을 높이는 데 큰 도움이 될 것이라고 생각하고 있다. 그렇다면 왜 더 많은 종들이 이런 번식 방법을 택하지 않았을까. 우리는 탕가니카 호 달팽이들의 번식 방법에 대해 많은 것을 밝혀낼 수 있었지만, 담수 달팽이들의 종 형성에 대한 수수께끼는 해결할 수 없었다. 우리의 가장 큰 관심사는 담수 달팽이의 경우처럼 서로 긴밀하게 연관된 종들이 과연 어떻게 탄생했는가 하는 점이었다.

일반적으로 통용되는 이론에 따르면 새로운 종은 초기의 개체군이 지질학적 차단물—산맥이나 바다—에 의해 공간적으로 분리될 때 생겨난다. 그 경우 분리된 개체들은 오랜 세월 서로 고립되어 살게 되고, 그러는 동안 그들의 유전자는 부분적인 변이를 일으킨다. 이 과정을 통해 종의 독자적인 분화가 이루어진다. 그리고 이렇게 분리된 종은 나중에 다시 본래의 종과 접촉을 해도—행동 양식이 다르고, 유전적인 불화합으로 인해—더 이상 섞이지 않게 된다. 또한 고립되어 있는 동안 생태적 지위가 각기 달라질 수 있고, 서로 가까운 친척들이 각기 다른 생태적 지위를 누리며 함께 공존할 수도 있다.

호수 내부에서도 그런 공간적인 분리와 새로운 종 형성이 일어날 수 있다. 별다를 것 없어 보이는 호수 내부에서도 다양한 변화들로 인해 여러 개체군들이 서로 고립되어 살았을 수 있기 때문이다. 학자들은 현재 '호수 내부의(intra lacustrine) 종 형성'에 관한 여러 가지 모델을 제시하고 있다. 첫째, 호수 수면의 하강을 통해 호수가 여러 개로 분할되었을 수 있고, 둘째, 그런 와중에 각각의 종들이 선호하는 생활공간이 분산되었을 수도 있다. 이 두 가설은 원래 시클리드과 물고기들의 종 형성 과정을 설명하기 위해 제시된 것이지만 탕가니카 호의 달팽이에게도 똑같이 적용될 수 있다.

두 번째의 서식지 분산 모델을 뒷받침하는 것은 호수에 서식하는 많은 종들이 호수 곳곳에 고르게 분포되어 있는 것이 아니라 일정 지역에 국한되어 있다는 점이다. 이는 시클리드과 물고기 연구에서 이미 관찰된 사실이다. 그러나 달팽이의 경우는 그렇게 단정 짓기에 미심쩍은 면이 있다. 엘리노어 미쉘은 라비게리아 달팽이들이 형태에 따라 특정 지역에 밀집해서 서식하고 있다고 했다. 그러나 앞서 언급한 생태학적 연구들에 따르면 각각의 달팽이들은 연한 흙과 거친 흙을 가리지 않고 사는 것으로 드러났다. 물론 스페키아 조나타Spekia zonata 달팽이 같은 특정한 종이나 레이몬디아 달팽이, 브리도키아 달팽이속에 속한 달팽이들은 위쪽 둑에서만 발견되고 파라멜라니아Paramelania 달팽이, 티포비아 달팽이, 바타날리아Bathanalia 달팽이 등은 깊은 곳에서 주로 서식한다. 따라서 바다달팽이 친척들의 경우 특정 생활공간을 선호하는 것이 확실한 것 같다. 하지만 이렇게 특정 서식지나 흙을 좋아하는 습성이 개체의 공간적 고립과 번식의 고립을 초래한다는 것은 확신할 수 없다.

종 형성과 관련된 중요한 사실 하나는 과거 탕가니카 호의 수면에 큰 폭의 변동이 있었다는 점이다. 동아프리카의 호수 환경은 수시로 드라마틱한 변화를 겪었다. 최근의 지질 연구에 따르면 말라위 호는 지질학적·기후적 요인으로 인해 수면이 250~500m 하강했으며, 탕가니카 호는 600m 이상 하강했다. 말라위 호가 분지와 비슷한 단조로운 모양으로 인해 그저 담수량이 줄어드는 것에 그쳤다면 탕가니카 호는 편차가 큰 바닥 지형으로 인해 일시적으로 세 개의 호수로 분리되었을 가능성이 있다. 이때 바닥의 융기부 두 곳이 각각 호수의 벽이 되었을 것이다.

종 형성의 원인을 단 몇 가지로 단정 짓는 데에는 무리가 있다. 탕가니카 호의 외부 환경이나 달팽이들의 내적 요인—해부학적 구조나 먹이, 번식 전략의 다름—만으로는 동아프리카 호수의 달팽이와 다른 동물의 다양성을 설명하기에 역부족이다. 이 모든 다양한 상황들이 개별적인 경우 어떻게 상호작용했는지가 지속적으로 연구되어야 한다.

외부 환경이 진화에 필요한 요소들을 두루 갖추고 있

을 뿐만 아니라 유기체 자체에서 작용하는 내적 요인들이 적절히 결합될 때 비로소 오래전부터 생물학자들을 홀렸던 그 매력적인 형태의 다양성이 펼쳐질 수 있을 것이다.

원숭이 부부에게 떨어진 특명

진화도 종종 우연을 통해 이루어진다. 5천만 년 전쯤 한 쌍의 원숭이가 나무 조각을 타고 400km에 이르는 바닷길을 건너온 것도 이런 행복한 우연 중 하나였다. 물론 원숭이에게 있어 그 표류 과정은 악몽과 같았을 테지만 말이다. 이 바닷길은 당시에 이미 마다가스카르 섬을 아프리카 대륙으로부터 분리시키고 있었다. 원숭이들에게 펼쳐진 마다가스카르 섬의 자연환경은 거의 파라다이스와 같았다. 울창한 우림이 그들을 반겨주었을 뿐 아니라 경쟁자들로부터도 자유로웠다. 아프리카에 남아 있던 이들 부부의 친척들은 심한 경쟁 때문에 생존 자체가 위협받는 지경에 이르렀던 터였다.

섬에 표류한 이 원숭이 부부는 곧 여우원숭이 가문의 창시자가 되었고, 마다가스카르 섬과 그 근처의 코모르 군도 일대에 정착하게 된다. 마다가스카르 섬에는 이들을 위협할 만한 경쟁자가 많지 않았다. 그리하여 이 운 좋은 부부의 후손들은 오늘날 다른 대륙에서 새들과 포유류가 접수해버린 생태적 지위를 무리 없이 확보할 수 있었다. 원래는 숲에 사는 야행성 동물이었던 여우원숭이들은 이렇게 주어진 기회를 활용해 열대우림과 사바나의 건조한 가시덤불 속에서 자신들만의 개성을 착실히 발전시켜 나갔다. 그 결과 여우원숭이들은 먹이, 외모,

행동, 습성 등 여러 가지 면에서 다른 종의 원숭이들과 구별되는 독특한 특징을 지니게 되었다.

이들 중에는 나무 위에서 살아가는 녀석이 있는가 하면 평지에서만 살아가는 녀석도 있고, 네 발로 걸어다니는 녀석이 있는가 하면 뒷다리만을 이용해 걸어다니는 녀석도 있다. 그 폼도 제각각이다. 뛰어다니는 녀석이 있는가 하면, 아예 기어다니는 녀석들도 있는 식이다. 먹이도 천차만별이다. 일부는 채식, 일부는 잡식을 하며, 일부는 곤충과 작은 동물을 주식으로 삼는다. 밤에만 활동하는 야행성인 놈들도 여럿 있다. 몸집 역시 다양하다. 산쥐를 연상시키는 약 13cm 크기의 미크로세부스Microcebus로부터 그보다 몇 배는 큰, 비비원숭이만 한 인드리원숭이도 있다. 이미 멸종되긴 했지만 곰을 연상시키는 거대한 여우원숭이 메갈라다피스Megaladapis의 경우에는 두개골만 30cm에 육박했다.

마다가스카르 섬의 다양한 여우원숭이들은 가까운 혈연 그룹 안에서도 제각각 다르게 자연 환경에 적응하고 발달해왔으며, 오래전부터 그들 나름대로의 고유한 계통발생학적 길을 밟아왔다는 특수 상황을 보여준다.

마다가스카르 섬의 여우원숭이들은 몇 천만 년이 지나는 동안 40종 이

여우원숭이.
다른 영장류에 비해 상대적으로 눈이 작은 편이다.

상의 새로운 종을 탄생시켰다. 섬 내부에서 자유로운 생태적 지위를 차지할 수 있었던 덕분이었다. 그리고 그렇게 탄생한 모든 종은 제각기 다른 생물학적 '직업'을 가지게 되었다. 이들은 마다가스카르 섬에 도착한 이래로 줄곧 생태적 노동시장을 지배했으며 다른 동물의 '커밍아웃'을 방해했다. 자연에서는 다음과 같은 공식이 통하기 마련이다. "가장 먼저 온 자에게 기득권이 있고 지각생은 벌을 받는다!" 마다가스카르 섬에서는 여우원숭이에게 기득권이 있었다.

원원류[6]가 아직 '창조의 꽃'이었고 인간이 속하는 진원류가 아직 세상을 지배하지 않았던 시절, 마다가스카르 섬은 일종의 '노아의 방주'처럼 그 시대 동물계를 구원해준 뗏목이 되었다. 호주가 유대류의 소중한 보물창고인 것처럼 마다가스카르 섬은 동물학의 귀중품 보관실이 되었다. 원원류와 유대류들은 각각 호주와 마다가스카르 섬에서 사냥에 더 능하고 커다란 두뇌를 가진 포유류 유태반류 동물과 경쟁할 필요가 없었기 때문에 진화의 향연을 독차지할 수 있었다. 그들은 모든 면에서 생태적으로 유리했고, 덕분에 오늘날 현대적인 포유류가 점유한 생태학적 지위를 손쉽게 확보할 수 있었다.

마다가스카르 섬이 자연의 저명한 기념비가 될 수 있었던 것은 불안정한 대지 덕분이었다. 중생대 초기의 지각 변동은 대양을 건넌 여우원숭이의 조상들처럼 마다가

6) 진원류보다 원시적인 원숭이류를 뜻한다. 여우원숭이와 로리스원숭이, 안경원숭이 등이 여기에 속한다.

스카르 섬을 아프리카 대륙에서 떼어내 인도양으로 표류하게 했다. 그리하여 마다가스카르 섬은 적어도 신생대 초기에 이미 모잠비크 앞바다를 통해 다른 땅덩어리와 그 진화적 발전으로부터 단절되었던 듯하다. 넓이가 60만km²로 미니 대륙이라 할 만한 마다가스카르 섬은 이로 인해 다른 지역과 생물계로부터 고립되어 독자적인 동식물계를 발전시킬 수 있었다. 이런 고립 덕분에 마다가스카르 섬에 서식하는 식물의 80%와 동물의 95% 이상은 오로지 마다가스카르 섬에서만 서식하는 것들이다. 일례로, 마다가스카르 섬에는 7종의 바오밥 나무가 서식한다. 그에 비해 아프리카에는 전형적인 바오밥 나무 한 종밖에 없다. 파충류와 양서류도 마찬가지다. 거의 매년마다, 마다가스카르 섬에만 서식하는 새로운 종이 추가로 발견되고 있다.

어느 생물학자는 마다가스카르 섬을 두고 '세상에서 제일 두껍고 긴 역사 책'이라는 비유를 써 다음과 같이 표현했다. "수백 페이지의 흥미로운 사실들로 가득한 책. 그러나 그 책의 첫 페이지에는 아무 것도 기록되어 있지 않다." 일리가 있는 비유다. 학자들조차도 마다가스카르 섬이 어떻게 아프리카에서 떨어져 나와 고립되었는지 정확히 밝혀내지 못했기 때문이다. 학자들은 '곤드와나 대륙'[7]의 남쪽에 속해 있던 마다가스카르 섬이 1억 년 전쯤 아프리카 대륙에서 분리되어 나왔을 것이라고

7) 지질시대의 고생대 말기부터 중생대 초기에 걸쳐 남반구에 존재했던 것으로 추측되는 대륙.

추정한다. 그러나 이 역시 추측에 불과할 뿐이다. 세계에서 네 번째로 큰 이 섬이 언제 어떻게 육지와의 마지막 접촉점을 잃어버렸는지는 여전히 알 수 없다.

또 하나, 동물학자들을 헷갈리게 하는 것은 호주와 달리 마다가스카르 섬에는 유대류, 이를테면 오리너구리와 가시두더지 같은 원시적인 동물들이 존재하지 않는다는 점이다. 영양, 코끼리, 기린, 얼룩말 등 후대에 등장한 아프리카의 대표적인 포유류들도 결코 마다가스카르 섬에 도달하지 못했다. 그에 반해 여우원숭이 부부처럼 바다를 통해 표류해온 것으로 추정되는 뾰족쥐의 친척 '텐렉'[8]은 마다가스카르 섬을 정복하는 데 성공했다. 그들은 그곳에서 곤충을 먹고 살며 여우원숭이와 마찬가지로 아주 다양한 형태로 분화해 나갔다.

오랫동안 다른 세계로부터 고립되고 보호된 덕에 오늘날 마다가스카르 섬에는 총 22종의 여우원숭이가 살아남아 있다. 그들 중 가장 특별하고 위험한 종이 바로 아이아이원숭이Daubentonia madagas-cariensis다. 마다가스카르 사람들은 이 원숭이를 '긴 손가락의 노인'이라고 부르기도 한다. 커다란 눈에 박쥐와 비슷하게 생긴 귀를 지닌 이 원숭이는 가늘고 긴 가운데 손가락과 끌같이 생긴 앞니를 이용해 마다가스카

8) 마다가스카르 섬의 고슴도치라 불리는 바늘모양의 털이 있는 원시 식충류. 고슴도치와 비슷하다.

아이아이원숭이. 돌출된 앞니와 작은 눈이 마치 쥐를 연상시킨다.

66

르 섬의 딱따구리 같은 역할을 한다. 주로 나무껍질 아래의 곤충들을 잡아먹고 사는데 긴 손가락으로 나무를 두드려 먹이를 찾는다. 청각이 대단히 발달하여 두드려보고 엿듣는 것만으로도 벌레의 위치를 정확히 파악해낸다. 먹잇감의 소리가 감지되는 경우 녀석은 튼튼한 앞니로 나무껍질에 구멍을 낸 다음 긴 가운데 손가락으로 곤충을 낚는다. 아이아이원숭이가 마다가스카르 섬에서 딱따구리 역할을 맡을 수 있었던 것은 마다가스카르 섬에 딱따구리가 살지 않고 다른 어떤 동물도 딱따구리의 생태적 지위를 요구하지 않았기 때문이다.

여우원숭이들의 낙원이 타락하기 시작한 것은 약 천년 전 털이 없는 독특한 진원류, 즉 인류가 그곳에 발을 디디면서부터였다. 그 이후 마다가스카르 섬은 목재 채취, 바닐라와 카카오 농장의 등장, 인구 증가에 따른 벼농사의 확대, 무분별한 남벌과 화전 등등으로 급격히 파괴되기 시작했다. 그리하여 오늘날에는 원래 존재했던 식물 종의 10분의 1가량만 남고 모두 파괴되었고, 여우원숭이와 그 외 다른 토착 동물들은 생활공간의 대부분을 빼앗겨 버렸다. 마다가스카르 섬의 여우원숭이들은 얼마 안 가 아타나나리보의 동물원에서만 살게 될지도 모른다. 이 거대한 섬에서도 결국 안전한 피난처를 찾지 못한 진화의 독특한 '라스트 모히칸'으로서 말이다.

1889년, 찰스 리드 비숍이란 인물은 카메카메하 왕가 최후의 왕녀이자 사랑하는 아내였던 베니스 파우아히 비숍을 기리기 위해 호놀룰루에 박물관을 설립했다. 생물학의 보물창고라고도 할 수 있는 베니스 P. 비숍 박물관은 이렇게 한 사람의 사랑에서 탄생되었다. 그리고 현재 이 박물관은 미국에서 가장 명망 높은 박물관이자 연구 시설 중 하나가 되었다. 오늘날 진화생물학자들은 한 남자의 견실했던 아내 사랑 덕분에 하와이 제도에서 전개되는 유기체적 진화의 모든 사례들을 충실히 연구할 수 있게 된 것이다.

하와이 제도는 신혼여행객들의 파라다이스일 뿐 아니라 지질학자들과 생물학자들의 파라다이스이기도 하다. 대륙에서 약 3천km 떨어진 곳에 위치한 이 화산 섬들은 지구의 고립된 점(spot)들이라고 할 수 있다. 하와이는 지구의 지질구조학적 열점 위에 생겨난 섬들이다. 약 천만 년 전—혹은 그보다 더 앞선 시기에—지구 내부의 마그마가 대지를 뚫고 분출되면서 이 일대의 화산군을 형성시켰다. 하와이, 마우이, 오아후 같은 섬들은 원추형 화산의 꼭대기에 속하는 부분으로, 오늘날에는 가파른 경사의 산을 지닌 채 하나의 섬이 되어 해수면 위로 치솟아 있다. 아주 오래전, 바다를 통해 혹은 공기에 실려 하와이로 표류한 생물들은 섬에 고립된 채 긴긴 진화의 시간을 거치게 되었다. 이들은 하와이 제도의 다양한 공간 속에서 오로지 그곳에만 존재하는 독특한 동식물계를 출현시켰다.

하와이에서 다윈 핀치[9]라 부를 만한 동물은 나무에 사는 아차티넬라Achatinella속 달팽이들이다. 아차티넬라 속 달팽이들은 드로소필라Drosophila속에 속하는 수많은 종의 초파리들과 하와이꿀빨기새과Drepanididae에 속하는 다양한 종의 새들과 더불어 진화의 즐거운 향연을 보여준다. 아차티넬라 달팽이들은 종에 따라 원추형, 원형, 타원형 등 다양한 형태의 달팽이집을 지니고 있다. 이들의 다채로운 색깔은 형태의 다양함을 능가한다. 자연은 이 조그만 달팽이집 위에서 빨강, 주황, 노랑, 초록, 파랑, 검정, 하양 등 온갖 색의 향연을 보여준다. 그 위에 새겨진 수많은 무늬들도 아차티넬라 달팽이들의 미학적 보완에 기여하고 있다.

아차티넬라 달팽이들은 오아후 섬의 쿨라우와 와이아나에 산속의 깊은 계곡과 높은 기슭에 주로 서식한다. 아니 정확히 말하자면 '서식했었다'가 맞겠다. 약 200종의 아차티넬라 달팽이 중 100종 이상이 인간에 의해 파괴된 하와이의 자연환경에 적응하지 못하고 멸종되었기 때문이다. 호놀룰루의 비숍 박물관에는 달팽이 껍질로 가득 찬 서랍장이 하나 있다. 이는 멸종의 원인제공자였던

9) 갈라파고스 핀치라고도 한다. 갈라파고스 제도의 여러 섬에 살며 주로 먹이의 종류에 따라 동일한 계통이면서도 부리 모양이 다르다. 찰스 다윈이 발견하여 진화론의 연구 자료가 된 사실로 유명하다.

인간이 백여 년에 걸친 수집 열정으로 어렵사리 일궈낸 소중한 자산 중 하나다. 비숍 박물관은 많은 문화적, 학문적 보물 외에도 오늘날 태평양 지역에 서식하고 있는 많은 수의 연체동물 견본을 보관하고 있는데, 그중 대부분이 아차티넬라 달팽이들에 관한 것이다.

이 달팽이들은 그 자체로도 자연이 선사한 귀중품이면서, 외딴 섬에서 진화가 어떻게 놀라운 창조성을 발휘하는지 보여주는 소중한 모델이기도 하다. 사실, 아차티넬라 달팽이는 존 토마스 굴릭(1832-1923)이라는 사람에 의해—최소한 연체동물학자들 사이에서는—지난 세기말부터 이미 어느 정도 유명세를 타고 있었다. 굴릭은 어릴 적에 하와이의 원시림에서 보게 된 예쁜 빛깔의 조그만 아차티넬라 달팽이들에게 매력을 느끼고 관심을 갖기 시작했다. 뉴잉글랜드 출신 선교사의 아들이었던 그는 아차티넬라 달팽이들을 아주 열광적으로 수집했고, 그 와중에 다윈의 이론에—굴릭 개인적으로 종교적인 이유에서도 안심이 되게끔!—일부 오류가 있다는 것을 깨달았다. 아차티넬라 달팽이들이 보여주는 색깔과 무늬의 다양성이 환경적 조건들에 근거한다는 어떠한 사실도 발견할 수 없었던 것이다.

하와이 군도의 오아후 섬에는 아주 다양한 형태의 아차티넬라 달팽이들이 식물, 강수량, 기온 등 환경조건이 균일한 지역에서 함께 서식하고 있다. 이에 따라 굴릭은 각각의 달팽이들이 보여주는 다양한 색깔이 다윈의 적응 이론과 관계없다고 해석했다. 서로 다른 환경적 영향 아래에서 '자연선택'을 통해 진화의 과정을 거친다는 다윈의 이론은 아차티넬라 달팽이의 다양성을 설명해주지 못한다고 생각한 것이다. 오히려 그는 우연한 유전적 변화, 즉 '돌연변이'가 환경을 통한 선택보다 더 결정적인 영향을 끼친다고 보았다. 그로써 굴릭은 오늘날까지 해결되지 않은 적응과 종 형성에 대한 논쟁을 촉발시켰다. 아차티넬라 달팽이는 그런 논쟁을 위한 아주 드물고 귀한 사례에 속한다.

19세기 초, 굴릭을 비롯한 여러 수집가들은 자신들의 이론을 보완해 이 달팽이들을 색깔과 밀집 지역을 기준으로 각각의 독자적인 종으로 나누자는 의견을 내놓았다. 그리하여 아차티넬라 달팽이는 오아후 섬에서만 약 900여 개의 변종을 거느린 227종으로 분류되었다. 사람들은 이 사실에 모두들 혀를 내둘러야 했다. 이 수많은 종들이 기껏해야 웬만한 대도시 정도 크기의 한 지역에서 탄생했으니 그럴 만도 했다. 일례로, 아차티넬라 불리모이데스Achatinella bulimoides 달팽이들은 각 계곡마다 생김새가 달랐는데 그 형태에 따라 각기 다른 종으로 명명되어야 했다. 이런 식의 종의 폭발적 증가는 방랑을 좋아하지 않는 아차티넬라 달팽이들에게 '마이크로 지리학적'인 독특한 진화 현상이 일어난 것은 아닐까 하는 추측을 낮게 했다. 그도 그럴 것이 아차티넬라 달팽이와 같은 대부분의 나무 달팽이들은 말(algae)과 균류를 먹으며 하나의 나무에서만 일생을 보내기 때문이었다.

그러나 후일 계통학자들은 분류학적으로 아차티넬라 달팽이들의 종을 삭감했다. 종을 일종의 번식 공동체로 보는 개념이 관철된 오늘날, 연체 동물학자들은 아차티넬라 달팽이 종을 기껏해야 40종으로 보고 있다. 또한 많은 진화생물학자들은 이들의 경우에도 지리적 고립이 다양한 색깔을 형성하는 데 중요한 역할을 했다고 확신하고 있다. 학자들은 오아후 계곡의 달팽이 개체군이 오랜 세월을 거쳐 가까운 이웃들로부터 분리되는 동안 유전적 상이함을 축적했으며, 이런 상이함은 나중에 새로이 접촉하더라도 종의 울타리로 작용한다고 보고 있다.

그러나 이 두 모순되는 가설 중 어느 것이 옳은지 현지에서 확인하는 것은 불가능하다. 아차티넬라 릴라 Achatinella lila, 아차티넬라 풀겐스Achatinella fulgens 같은 예쁜 달팽이를 위시한 아차티넬라 달팽이의 많은 개체군들은 그동안에 이미 멸종되어 버렸기 때문이다. 다행스럽게도 19세기 말, 비숍 박물관의 연체동물 담당 큐레이터였던 몬태규 쿡이라는 인물이 이 달팽이들을 세심하게 수집해두었다. 쿡은 자신이 채집한 달팽이의 발견 장소와 색깔을 카드해 자세히 기록해 놓았다. 이런 작업은 오늘날에는 당연하게 보이지만, 당시에는 선구적인 행동이었다. 쿡은 결과적으로 후대의 달팽이 연구자들에게 하와이에 서식하는 모든 나무 달팽이들의 존재를 훌륭하게 증명해준 셈이다. 이런 일은 세계적으로 드문 일이다. 물론 멸종된 아차티넬라 달팽이들이 다시 살아날 수는 없는 일이었지만, 쿡의 노력으로 인해 학자들은 하와이에서 진행된 달팽이의 진화과정을 어느 정도 재구성해볼 수 있게 되었다.

1950년대부터 생물학자들은 오아후 섬의 아차티넬라 달팽이들이 대규모 개간과 과도한 채집으로 인해 멸종의 위기에 처해 있다고 경고했다. 불행히도 하와이의 이 연체동물은 번식력이 높지 않은 편이다. 한 번에 한 마리의 새끼를 출산하기 때문이다.

오늘날 하와이에서 아차티넬라 달팽이를 보는 것은 행운에 속한다. 따라서, 비숍 박물관에 들러 사전 정보들을 습득해둘 필요가 있다. 대식가로 유명한 육식 달팽이 유글란디나 로제아Euglandina Rosea가 오아후 섬의 곳곳에서 빠르게 생태계를 점령해가고 있다. 하와이 군도에

유글란디나 로제아 달팽이. 장미 달팽이라고도 불린다.

서만 서식하고 있는 아차티넬라 달팽이들은 이와 같은 육식 달팽이들에 의해 개체 수가 급격히 줄어들고 있다. 플로리다가 원산지인 유글란디나는 1950년대 중반, 외부에서 흘러들어온 거대 달팽이들이 많아지자 이들

개체 수를 조절할 목적으로 섬에 인공적으로 유입한 종
이었다. 그러나 유글란디나는 계획에 맞게 거대 육지 달
팽이를 잡아먹는 대신—더 맛있을 게 틀림없는—작은
크기의 아차티넬라 달팽이들을 마구 먹어치우기 시작했
다. 이제 우리는 하와이 군도에 서식하고 있는 동물 진화
의 귀중한 증인들을 잃어버릴 위기에 처해 있다.

공룡이 나무에서 다이빙을 했다고?

우스갯소리처럼 들리는 이 문구는 2003년 2월 말 유수의 과학 전문지 〈네이처〉에 실린 한 기사의 헤드라인이다. 이 기사의 주인공은 마치 진화의 장난감처럼 조립된 환상의 동물이다. 중국의 생물학자들은 1억 2천 5백만 년에서 1억 4천 5백만 년 된 초기 백악기의 퇴적층에서 미크랍토르 구이Microraptor gui라는 새로운 종의 공룡을 발견하고, 백악기의 공룡들이 네 개의 날개를 가지고 있었다는 놀라운 사실을 알아냈다. 그러나 그 공룡들은 날개를 가지고 다이빙만 했지 실제로 날지는 못했던 것 같다.

중국 북동쪽 리아오닝 지방에서 6조각으로 발견된 길이 1m의 화석은 이 공룡이 현재의 조류와 같이 앞쪽 끝에서 뻗어나간 날개들을 가지고 있었다는 사실을 증명하고 있다. 더군다나 다리를 비롯해 기다란 꼬리 부분에까지 새처럼 깃털이 있었던 흔적이 보였다. 미크랍토르 구이가 지니고 있었던 두 쌍의 날개는 마치 날다람쥐를 떠올리게 한다. 날다람쥐는 앞발과 뒷발 사이에 나있는 비막을 도구로 나뭇가지들 사이를 날아다닌다. 베이징 소재 중국 과학원의 씽 쉬를 위시한 중국 고생물학자들은 이들 백악기의 미크랍토르들도 날다람쥐와 비슷하게 넓게 뻗은 사지로 나무에서 아래로 활공하였을 것이라고 추정하고 있다.

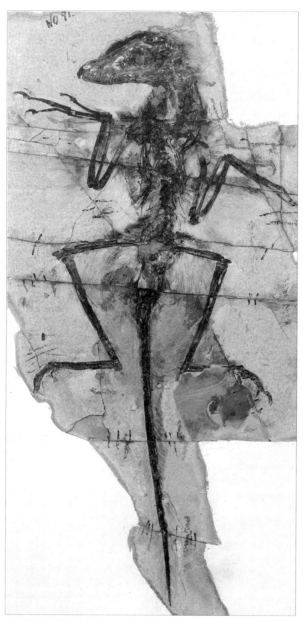

미크랍토르 구이의 화석. 미크랍토르 구이는 날개를 가지고 있었던 최초의 공룡이다.

이 화석의 발견은 한 세기 이상 계속되어 온 조류 진화와 깃털의 근원에 대한 논쟁에 또다시 불을 지폈다. 초기의 조류가 어떻게 비행법을 습득하게 되었는지와 깃털이 어떻게 탄생되었는지 등의 의문이 아직도 확실히 밝혀지지 않았기 때문이다. 날아오르기 위해 땅 위를 껑충껑충 뛰어 다녔을까? 아니면 점점 부양력이 상승하는 날개를 이용하여 나무 위에서부터 활공하여 내려왔을까? 비행에 별로 소용이 없었을 깃털은 언제 어떻게 생겨나게 됐을까? 학자들은 조류가 육식 공룡, 즉 드로마에사우루스 그룹에서 진화해 나왔다고 추정하고 있다. 드로마에사우루스는 무서움을 유발하는 티라노사우르스나 교활해 보이는 벨로시랍토스 등의 육식 공룡과 더불어 테로포드 무리에 속한다. 테로포드들은 긴 뒷다리를 이용해 뛰어다니면서 앞발을 사용해 자유롭게 다른 과제를 처리할 수 있었다. 앞발은 아마도 먹이를 집거나 나는 데 사용했을 것이다.

영화와 텔레비전에서는 무시무시한 테로포드 무리들이 자주 등장하지만 최근에 발견된 화석들은 이제 우리가 그러한 고정관념에서 벗어날 때가 되었음을 시사해준다. 최근 들어 점점 더 많은 학자들이 조류가 이들 테로포드 무리의 후손이라는 점을 인정하고 있다. 이 말은 백악기 말(6천 5백만 년 전)의 운석 충돌을 통해 모든 공룡들이 싹쓸이 되지 않았다는 것을 뜻한다.

실제로 1998년 이후 동물학자들은 테로포드 무리 중 많은 것들이 오늘날의 조류와 비슷한 깃털을 가지고 있었거나, 혹은 그것과 비슷한 구조물을 가지고 있었다고 확신하고 있다. 1998년 리아오닝 화석 지층에서 깃털의 흔적이 보이는 다양한 공룡 화석이 발견되었다. 이 화석들은 독일 남부에서 발견된 유명한 화석인 시조새 아르케옵테릭스Archaeopteryx와 그의 후손들만이 깃털을 지니고 있었다는 상식이 잘못된 것이며 중생대의 원시 공룡들도 깃털을 가지고 있었음을 보여준다. 시조새의 아성을 무너트리고 최초의 경쟁자로 등장한 것은 등에 깃털이 달린 롱기스쿠아마 인시그니스다. 중앙아시아에서 약 2억 2천만 년 된 화석으로 발견된 롱기스쿠아마 인시

화석을 토대로 재구성해본 아르케옵테릭스의 상상도.

그니스는 아르케옵테릭스보다 7천 5백만 년 앞선 시대에 살았던 공룡이다. 롱기스쿠아마 인시그니스는 등에 깃발과 비슷한 기다랗고 독특한 부속 기관을 가지고 있었다. 몇몇 연구자들은 이것을 원시 깃털쯤으로 해석하고 있는데, 이 구조들이 정말로 조류 깃털의 전신인지에 대해서는 아직 논쟁의 여지가 분분하다. 학자들이 궁금해 하는 것은 이 독특한

시조새 아르케옵테릭스의 화석.

구조물을 도대체 무슨 용도로 사용했을까 하는 점이다. 아마도 이것을 활용하여 나무에서 나무로 날아다니지는 못했을 것이다.

이외에도 중국에서는 깃털의 흔적이 보이는 다른 종류의 파충류 화석들이 여럿 발견됐다. 그러나 이들 파충류 화석들은 모두 아르케옵테릭스보다 2천만 년 이후에 살았던 동물들이다. 눈길을 끄는 것은 1998년 초에 발견된 시노사우롭테릭스 프리마Sinosauropterix prima가 현대의 조류에서 볼 수 있는 보드라운 깃털 옷을 지니고 있었다는 사실이다. 그렇다면 이런 조류의 조상들은 대체 어떤 식으로 비행법을 습득했을까?

물론 깃털이 중요한 역할을 했을 것이다. 그러나 위에서 언급한 바와 같이 깃털은 새들만 지니고 있던 특징은 아니었다. 중국에서 발견된 모든 공룡들은 깃털을 지녔지만 날 수는 없었던 동물이었다. 조류 조상들에게 깃털은 그저 단열 효과를 위한 것이었는지도 모른다.

연구자들은 기체역학적인 측면에서 이 문제에 좀 더 심도 있게 접근해보고자 했다. 이 부분에서 의견이 두 진영으로 나뉜다. 한쪽에서는 소위 '바닥-도움닫기' 아이디어를 선호한다. 이들에 따르면 조류의 조상들은 바닥으로부터 도움닫기를 하면서 깃털 달린 날개를 이용해 공중으로 뜨기 위한 추진력을 얻었다고 한다. 그에 반해 다른 한쪽 진영인 '활공비행'파 학자들은 조류 조상들이 나무로부터 추락하면서 비행을 배웠다는 의견을 내세웠다. 그럴 때 양력이 더 효과적이고 쉽게 발생한다는 것이다. 앞서 언급한 날다람쥐 외에 많은 개구리들과 도마뱀들, 심지어 뱀들까지 이러한 방법으로 공중에서 활공을 한다. 따라서 많은 연구자들은 조류도 이런 진화의 길을 거쳤을 것이며, 수동적인 활공에서 능동적인 비행으로 기술을 습득해갔을 것이라고 추측하고 있다.

이러한 시점에서 학자들은 깃털 달린 네 날개의 공룡 '미크로랍토르 구이'를 발견했다. 완전한 비행까지의 과도기적인 단계를 구현할 수 있는 화석의 견본을 손에 쥔 것이다. 학자들은 이제 이 공룡이 어떻게 조류로 발전해갔는지를 설명하기만 하면 된다. 긴 깃털을 가진 뒷날개는 비행 기능을 상실하여 평범한 다리가 되었을 것이고, 앞날개는 더욱 더 진화를 거듭해 능동적인 날갯짓을 구현하게 되었을 것이다.

조류의 진화를 자세하게 재구성하기 위해서는 아직도 많은 부분의 모자이크 조각들이 부족하다. 하지만 최근의 발견으로 우리는 조류의 조상에 관한 새로운 정보를 확인할 수 있었고 꽤 의미 있는 성과를 거둘 수 있었다. 새장 속의 앵무새를 공룡의 후손으로 지칭하고, 커다란 새장을 보며 '디노 파크'를 연상해도 될 만큼 재미있는 가설도 함께 말이다. 이 가설은 운석이 우박같이 떨어진 중생대 말에 작은 공룡 한 무리가 살아남아 신생대에 전

성기를 맞이하여 다양한 형태로 분화해 나갔다는 것을
가정하고 있다. 그렇다. 앵무새에서 금화조까지 새들이
지닌 아름다운 깃털은 파충류 조상의 오랜 유산일지도
모른다.

초미니 포유류 하드로코디움의 정체

다른 동물들에게는 없는 포유류만의 특징은 무엇일까? 우선 포유류는 유선을 가지고 있다. 포유류의 새끼들은 유선의 분비물을 통해 영양을 공급받고 자란다. 피부 역시 파충류의 비늘이나 조류의 깃털과 다른 특징을 지니고 있다. 최근 형태학자들은 여기에 한 가지 차이점을 더 발견해냈다. 파충류에 존재하는 턱뼈의 일부가 포유류로 진화하는 과정에서 귀뼈로 바뀌었다는 사실이다. 이 발견은 19세기 비교해부학의 찬란한 업적에 속한다. 이 발견은 또한 진화가 얼마나 보수적으로 진행되는지를 보여준다. 자연은 새로운 고안품에서조차 기존의 부품을 고수하여 사용한다는 것이다.

유선이나 머리카락은 화석으로 보존되기가 어렵다. 반면 계통적인 면에서 많은 정보를 함축하고 있는 두개골과 턱뼈는 화석화되는 경우가 비교적 많다. 이러한 이유 때문에 두개골과 턱뼈는 마찬가지 특징을 갖는 이빨과 함께 아주 오래전에 멸종된 동물들에 대해서도 그들이 포유류 클럽의 회원인지 아닌지를 판별하는 중요한 자료로 쓰인다. 그런 가운데 최근 중국에서 발견된 1억 9천 5백만 년 된 화석이 포유류 특유의 뼈대 구조를 그대로 닮고 있어 놀라움을 사고 있다.

이 화석은 1985년에 중국 유난 지방의 루펭 지층 아래쪽에서 발굴되었는데, 최근에 지층을 둘러싸고 있던 암석 일부를 조심스럽게 떼어냄으로써 화석을 아주 정확히 관찰할 수 있게 되었다. 미중 연합 연구팀은 이 화석 속에서 미니 포유류의 흔적을 찾아냈다. 생존 당시 무게가 약 2g 정도 나갔을 것으로 추정되는 아주 작은 동물이었는데 두개골 크기가 12mm에 달해 현재 포유류의 두개골 비율에 육박했다. 이 쥐라기 화석은 현재까지 발견된 화석 중 가장 작은 크기의 포유류 화석으로 인정받는다. 화석 속의 포유류는 조그만 신체와 이빨 구조의 특성으로 보아 곤충을 잡아먹고 살았던 듯하다.

미국 피츠버그 소재 카네기 자연사 박물관의 고생물학자 체-쉬 루오를 위시한 연구팀은 양호하게 보존되어 있던 두개골 덕분에 이 화석을 계통적으로 분류할 수 있었는데, 그 결과에 학자들도 혀를 내둘렀다. 하드로코디움Hadrocodium이라 명명된 이 미니어처 포유류는 지금까지 알려진 포유류의 화석보다 약 4천 5백만 년이나 앞선 것으로 밝혀졌던 것이다. 그럼에도 불구하고 이 동물은 호주의 단공류[10]와 유대류[11]부터 인간과 같은 유태반류[12] 동물에 이르기까지 포유류만이 가지고 있는 전형적인 특징들을 두루 갖추고 있었다.

그중에서도 가장 언급할 만한 특징은 중이의 뼈들이다. 중이의 뼈들이 현대의 포유류들과 같이 아래턱뼈들로부터 완벽하게 분리되어 있었던 것이다. 진화생물학자들에 따르면 파충류의 아래턱뼈는 세 개로 구성되어 있는데, 포유류로의 진화과정에서 이 턱뼈 중 두 개가 귀로 옮겨 갔다. 그리하여 포유류는 귀뼈가 하나인 다른 척추동물들과 달리 총 세 개의 귀뼈를 가지고 있다. 그것들은 형태에 따라 망치뼈, 모루뼈, 등자뼈라는 예쁜 이름으로 불리고 있다.

이런 방식으로 초기의 파충류에게서 턱 관절로 기능했던 뼈들의 흔적을 현대 포유류에게서 찾아볼 수 있다. 이 뼈들은 오늘날의 파충류와는 달리 초기에는 관절과 방형골[13]로 구성되어 있었다. 포유류로의 진화과정에서 이것들이 모두 귀뼈로 전이된 것이다. 그런 뒤 진화의 새로운 구조로서 2차적인 턱관절이 형성되었다. 중국에서 발견된 미니 포유류의 쥐라기 화석은 이미 이런 현대적인 두개골 구조를 지니고 있어 동물학 교과서에 가장 오래된 포유류로 삽입되는 영광을 얻었다.

학자들은 이 동물에 '머리가 꽉 찼다'는 뜻의 하드로코디움이라는 이름을 지어주었다. 이 미니 동물의 두개골이 커다란 뇌로 꽉 채워져 있었기 때문이다. 그러나 단순히 뇌의 부피만 컸던 건 아닌 듯하다. 화석 두개골의 컴퓨터 단층 촬영 결과는 하드로코디움의 두뇌의 여러 영역 중 후각을 담당하는 영역이 최대의 부분을 차지하고 있음을 보여준다. 연구자들은 뇌의 부피가 커지면서 예전의 턱뼈들이 옆으로 밀쳐졌고 이런 방식으로 이 턱

13) 방골이라고도 한다. 아래턱뼈와 관절 역할을 하는 뼈다.

뼈들이 청각을 담당하는 뼈들로 변했을 것으로 추정한다. 후각이 발달되면서 귀의 구조도 개조되었다는 것이다. 아니면 그 반대였을 수도 있다. 턱뼈들의 배치가 달라진 후에 두개골에 충분한 자리가 확보된 것일지도 모른다는 이야기다.

개별적인 경우, 진화적 개조 작업이 어떻게 진행되었는지 결코 밝힐 수 없을지라도 이런 발굴은 진화생물학자들에게 다시금 모자이크적인 진화를 상기하게 한다. 한 생물의 전체적 특징은 결코 한꺼번에 변화되지 않기 때문이다. 신체구조상의 여러 특징들은 서로 다른 시기에 각각의 환경에 맞게끔 변화해간다. 유기체는 이렇게 한 걸음 한 걸음 진화하는 것이다. 체-쉬 루오 팀은 이런 모자이크적 진화로 인해 지금까지 포유류 고유의 특징으로만 알려졌던 2차적인 턱관절 변화도 현대의 포유류가 출현하기 훨씬 전부터 일어났던 것으로 확신하고 있다. "이런 개조는 틀림없이 하드로코디움이 등장하기 오래 전에 마무리되었을 것이다. 하드로코디움의 두개골은 아래턱뼈와 중이의 분리가 완전히 끝난 상태의 것이기 때문이다"라고 루오는 말한다.

학계에서는 포유류가 파충류에게서 분화해 나온 시점을 약 2억 년 전쯤으로 추정하고 있다. 그러나 중생대까지 포유류는 공룡의 그늘 아래 오랫동안 파묻혀 있어야 했다. 여기에 대해서는 아직 여러 가지 설이 분분한 상태지만, 대부분의 학자들은 6천 5백만 년 전 백악기 말 무렵에 공룡들이 사라지면서 비로소 포유류에게 다양한 생활공간이 열리게 되었다고 믿고 있다. 그로써 신생대는 '포유류의 시대'가 되었다는 것이다.

그러나 포유류학자들의 이 시나리오는 차츰 설자리를 잃어가고 있다. 그들은 이제 생각을 바꿔야 할 듯하다. 최근, 보존 상태가 양호한 화석들이 다수 발굴되면서 포유류와 그들의 초기 조상들이 중생대 동안에도 이미 융성했으며, 생태적 관점에서도 지금까지의 간단한 가정보다 훨씬 더 융통성이 있었음이 드러나고 있다. 생명나무의 포유류 영역은 초기 중생대에 이미 화려하게 열매를 맺었고 그 뒤로도 계속 새로운 가지를 피워왔던 것이다.

많은 동물학자들, 특히 케빈 데 퀴로즈 같은 학자들은 여태껏 몇 안 되는 신체적 특징을 기준으로 포유류를 판별해왔다. 그들이 포유류 고유의 특징으로 삼은 것은 턱 관절과 중이, 치아 구조와 두뇌 크기 등이었다. 그러나 최근의 발굴은 포유류의 이런 특징들도 현대 포유류의 진화라인이 등장하기 훨씬 전부터 전개되었다는 것을 암시한다.

하드로코디움의 계통적 분류에 대해서는 세부 사항을 둘러싸고 앞으로도 계속적인 논의가 이루어질 것이다. 루오 팀은 컴퓨터를 이용한 계통발생학적 화석 분석을 통해 하드로코디움 골격의 90가지 특징을 이전의 다른 포유류들 및 현대의 포유류들과 비교했다. 분석 결과 하드로코디움은 현대의 포유류들과 계통적인 유사함을 보이긴 했지만, 섣불리 친척 관계로 규정짓기에는 무리가 있었다. 세부적인 면에서 일부 미심쩍은 부분들이 발견되었기 때문이다. 하드로코디움은 현대 포유류의 조상들과 가까운 친척은 아니지만 동시대에 함께 서식했던 또 다른 종류의 초기 포유류일 수도 있다. 어쩌면 하드로코디움은 인류의 조상들과 가까운 친척 관계였을 수도 있다. 또한 우리의 분석과는 다르게 실제로 모든 포유류들의 직접적인 시조였을지도 모른다. 그만큼 우리는 이 동물에 관하여 모든 가능성을 열어두어야 한다. 루오는 "그러나 모든 경우 하드로코디움이 우리가 지금까지 전혀 예측하지 못한 독립적인 진화노선을 보여주고 있다는 것만은 확실하다"고 말하고 있다.

이런 형태의 동물은 오늘날 지구상에 존재하는 세 부류의 포유류 즉 단공류, 유대류, 유태반류의 공통 조상이 등장하기 전부터 일찌감치 진화노선에서 분화되어 나왔다. 그러므로 좁은 의미에서 보자면 하드로코디움은 포유류의 일부가 될 수 없다. 그러나 앞서 열거한 몇 가지 특징만으로 포유류를 정의한다면, 하드로코디움은 포유류의 먼 친척에 속하게 된다. 어찌됐든, 루오의 말에 따르면 이 원시 포유류는 파충류보다 포유류에 훨씬 더 가깝다. 루오의 연구는 포유류 특유의 신체구조들의 발생과 진화, 그리고 그 순서에 대해 많은 정보들을 우리에게 알려주었다.

중국에서 발견된 하드로코디움의 화석은 포유류의 근원을 조명해주는 여러 가지 화석들 중 가장 최근의 것이다. 이런 발굴물들은 전문가들이 미처 그것을 분석하고 결론을 내릴 틈도 없이 곧바로 언론에 보도된다. 하드로코디움의 발굴에 참여했던 하버드 대학의 고생물학자 알프레드 크롬프톤은 "우리가 지금까지 생각했던 것보다 훨씬 다양한 종류의 포유류가 쥐라기에 존재했을 거라고 추정할 수 있다."고 말한다. 하드로코디움의 작은 몸집은 자기보다 더 큰 포유류 친척들과의 조화로운 공존을 가능케 해주었을 것이다.

이 발굴은 또한 중생대에 존재했던 원시 포유류들의 뇌 크기가 아주 다양했음을 보여준다. 곤충을 잡아먹고 살았던 초기의 포유류들은 생태적으로 서로 많은 차이가 났을 것이고, 각각 그 차이에 걸맞는 다양한 '생태적 직업'에 종사했을 것이다.

중생대는 오랫동안 추정되어 왔던 것과는 달리 공룡에 의해서만 지배되진 않았던 듯하다. 포유류들은 공룡의 그늘 아래에서 생태적 다양성과 생물학적 풍성함을 간직한 채 자신들만의 생태계를 왕성히 꾸려나갔을 것이다. 지금까지는 그저 그들의 흔적이 간과되었거나 자세히 연구되지 않았을 뿐이다. 최신의 발굴과 함께 고생물학자들에게는 아주 새로운 세계가 열리고 있다. 이제껏 알려지지 않았던 또 다른 생태계로의 시간 여행이 연구자들을 설레이게 하고 있다.

알 낳는 포유류, 오리너구리의 기구한 사연

1799년, 런던 소재 브리티쉬 박물관의 동물학자 조지 쇼는 호주 식민지의 돕슨이라는 사람이 뉴사우스웨일즈로부터 보내온 기이한 동물을 받아들고 황당해 할 수밖에 없었다. 그 동물은 흰뺨검둥오리처럼 넓적한 부리에 비버처럼 편편한 꼬리, 수달의 비단 같은 털가죽을 지니고 있었다. 발가락 사이에는 물갈퀴도 달려 있었다. 포유류 같이 보였음에도 조류나 파충류처럼 생식기와 항문이 하나로 되어 있었다. 당시의 연구자들은 여러 동물의 특징들이 기묘하게 혼합된 이 동물에게 오리너구리 Ornithorhynchus anatinus라는 이름을 지어주었다.

호주 식민지 개척자들로부터 물두더지라 불렸던 이 동물은 아직도 호주의 곳곳에서 드물지 않게 볼 수 있다. 이 동물은 바바리아의 볼퍼팅어[14] 같은 상상의 동물이 아니었다. 유럽 사람들은 이 동물이 강둑에 있는 웅덩이에 둥지를 틀고 조류나 파충류처럼 알을 낳는다는 호주 거주민들의 보고를 도무지 믿을 수 없었다. 독일의 의학자 요한 프리드리히 메킬은 1834년 이 동물 암컷의 배 부분에서 유선을 발견했다. 참으로 이상했다. 젖을 생산하여 새끼를 먹이는 동물은 알을 낳을 수 없는 것 아닌가! 사람들은 오랫동안 그렇게 생각해왔다. 하지만 이 동물의 암컷에는 포유류 동물의 전형적인 특징인 유두가 없었

14) 독일 바바리아 지방의 깊은 숲에 살고 있다는 상상의 동물로 쥐, 돼지, 너구리, 사슴, 오리 등 다양한 동물을 혼합한 몸에 작은 날개를 가지고 있다고 한다.

다. 자연은 대체 이 동물에게 무슨 일을 저지른 것일까?

이 동물의 비밀은 1884년 8월 캠브리지 대학의 젊은 발생학자 윌리엄 칼드웰이 퀸즐랜드 주 북쪽의 열대 지방에서 오리너구리의 암컷이 알을 낳는 것을 직접 목격했을 때야 비로소 밝혀졌다. 알 속에는 태어난 지 36시간 된 가금류의 배아가 들어 있었다. 열흘 쯤 지나자 난치卵齒[15]의 도움으로 알에서 깨어난 새끼들은 부드러운 부리를 이용해 어미의 젖을 먹고 자랐다. 젖은 배 주름 사이의 함몰된 부분에서 흘러나왔다.

칼드웰은 "Monotremes oviparous, ovum meroblastic"(오리너구리 난생, 난자 부분분할)이라고 유럽에 전보를 쳤다. 그 문구는 전문가들을 흥분의 도가니로 몰아넣었다. 오리너구리들이 진짜로 알을 낳으며, 난자는 포유류 특유의 전할(holoblastic)[16]이 아닌 파충류의 알들과 닮은 부분할란(meroblastic)이라는 것을 확인해준 것이다.

예나 대학의 동물학 교수인 빌헬름 하케는 이와 거의 동시에 호주 남쪽 아델라이데 근처에서 오리너구리의 친척인 가시두더지가 알을 낳는 것을 목격했다. 오스트레일리아의 이 특이한 동물들은 모두 포유류에 속한다. 단지 조류처럼 알을 낳을 뿐이다. 알에서 새끼가 깨어나면 그들은 젖으로 영양을 공급한다. 다만 유태반류, 유대류가 따로 젖꼭지를 가지고 있는 것에 반해 단공류라 불리

15) 조류·파충류의 새끼가 알을 깨고 나올 때에 쓰는 부리의 끝.

16) 동물의 수정란 전체가 세포로 분할되는 난할. 개구리·성게 따위에서 볼 수 있으며, 등할·부등할로 세분된다.
*난할 : 단세포인 수정란이 다세포가 되기 위하여 연속하여 일어나는 세포 분열의 과정.

는 오리너구리와 가시두더지는 수많은 구멍으로 이루어
진 배 부분의 유선에서 젖이 흘러나온다. 유선과 털가죽,
정온동물이라는 점이 다른 포유류들과의 공통점이다.

단공류가 19세기 이래 한편으로는 파충류와 새들 사
이의 진화적인 연결고리로, 다른 한편으로는 유태반류
로 여겨졌던 것도 놀랄 일은 아니다. 오리너구리는 특이
한 면이 많은 오스트레일리아의 동식물계에서도 특별한
동물에 속한다. 로날드 스트라한과 팀 플래너리 등의 호
주 동물학자들은 북반구에서 편찬된 생물 교과서의 대부
분이 단공류를 그저 유태반류의 전 단계로만 기술하고
있는 것을 비판하고 있다. 이런 교과서들은 파충류들이
최초에는 원시적인 단공류로, 그 다음에는 주머니 달린
유대류로의 진화를 거쳐 최종적으로 유태반류로 진화해
왔다고 기술하고 있다. 유태반류들이 유라시아 대륙과
북아메리카, 아프리카 일대에 광범위하게 서식하는 데
반해 단공류와 유대류는 호주에만 서식하는 것으로 잘못
기술되어 있기도 하다.

그러나 오리너구리의 조상들도 늘 오세아니아 대륙에
만 살았던 것은 아니다. 1992년, 파타고니아 지역에서
단공류 모노트레마툼 수다메리카눔Monotrematum
sudamericanum의 이빨 화석이 최초로 발견되어 큰 주목
을 받았다. 6천만 년 된 이 이빨 화석들은 호주의 오리너
구리와 비슷한 치아 상태를 보여준다. 이는 다양한 포유

류가 발전해가던 신생대 초기, 오리너구리가 남아메리카와 적도에도 널리 퍼져 있었다는 것을 증명한다. 그 후 얼마 지나지 않아 호주의 고생물학자 마이클 아처는 호주 북쪽 퀸즐랜드 주의 리버레이 화석지—지금은 세계문화유산으로 지정되어 있다—에서 1천 5백만 년에서 2천 5백만 년 전에 생존했던 것으로 추정되는 거대한 오리너구리 옵두로돈 딕소니Obdurodon dicksoni의 두개골을 발견했다.

아처는 이보다 앞선 1984년에도 스테로포돈 갈라미Steropodon galami의 하악골 조각을 발견해, 가장 오래된 단공류의 기록을 8천 5백만 년 전으로 앞당겨 놓았다. 그 후 1994년에도 백악기 무렵의 단공류 화석이 잇따라 발견되었다. 이것들은 모두 가장 오래된 호주 포유류의 증거물들로, 단공류가 아주 일찍부터 독립적인 진화노선을 가지고 발전해왔음을 증명하고 있다. 이들이 융성하고 나서 5천만 년이 지난 뒤에야 호주에 비로소 광범위한 포유류가 등장했고, 유대류가 번성하기 시작했다.

이외에도 진화가 단순히 단계적인 순서로만 진행되지 않았음을 보여주는 사례는 많다. 오리너구리의 존재 역시 포유동물의 진화과정을 재구성해야 함을 보여준다. '파충류의 유산'으로 여겨지는 수많은 특징들과 알을 낳는 특이한 번식 방법에도 불구하고, 이들 단공류가 파충류와 유태반류의 중간단계는 아닌 것으로 보이기 때문이다. 오늘날 포유류학자들은 단공류와 유태반류 사이의 번식법 차이—겉보기에 드러나는 굉장한 차이—가 필요이상으로 과대평가되어 왔다고 생각한다. 오리너구리와 가시두더지, 그리고 유대류는 그저 아주 오랫동안 진행된 포유류 진화의 역사로부터 원시적인 형태를 간직한 특별한 생존자 정도로 평가하면 된다는 것이다.

물론 알을 낳는 번식법은 오랜 유산이지만, 단공류는 이런 번식법을 나머지 포유류에게서 보다 더 오래 유지했을 따름이다. 알을 낳는 것은 오늘날 많은 파충류와 조류들에게서 볼 수 있듯이 성공적인 번식법이기도 하다. 최근 포유류학자들은 현대의 계통적 연구 방법을 통해 호주와 그 외 다른 지역 포유류들의 배 발생 연구에 다시금 박차를 가하고 있다. 학자들은 다양한 포유류에서 어떻게 모체와 배가—체내 그리고 체외에서—물질 교환을 하기 시작했는지에 관심을 가지게 되었다.

이들 중 일부는 유대류 쥐인 모노델피스Monodelphis를 대상으로 삼아 연구를 거듭했고, 유대류의 초기 배 발생이 단공류의 배 발생과 비슷한 양식을 보인다는 것을 밝혀냈다. 단공류와 달리 유대류는 육아 주머니에 새끼를 낳고 젖을 먹일지라도 말이다. 모노델피스의 알 껍질은 엄마의 배 속에 있을 때 모두 해체된다. 소위 '자궁 안'에서 이루어지는 알깨기라고 할 수 있다. 유대류 동물들은 오리너구리의 알 낳기를 내면화하여 이런 번식

과정을 체내로 옮겨놓은 것이다. 유태반류의 진화에서도 자궁 안에서 일어나는 배 발생 과정이 비슷한 방식으로 상당히 연장된다.

오리너구리와 가시두더지 뿐 아니라 유대류와 유태반류도 본래의 유전적 특징들을 가지고 자신들만의 모자이크를 만들었다. 번식의 관점에서 보면 모든 동물은 다 프로들이다. 오리너구리는 더 고등한 동물로 진화하기 위한 중간 단계의 동물이 결코 아니다. 실현 가능한 수많은 진화노선 중 하나를 성공적으로 밟아온 것 뿐이다. 아주 오래전 공룡이 아직 지구를 지배하고 있을 때, 현대 포유류가 아직 본격적으로 활동을 시작하기에 한참 앞서서 말이다.

미국산 철갑상어의 팍스 아메리카나

생선알은 그리 일반적인 음식은 아니지만 미식가들이 애호하는 품목이다. 철갑상어의 알인 캐비아는 그중에서도 꽤 특별한 별미에 속한다. 미식가들 사이에서 가장 고급품으로 인정받고 있는 캐비아는 남러시아 지역의 벨루가 종 철갑상어의 것이다. 질 좋은 캐비아의 경우, 500g짜리 한통에 2,000유로로 정도다. 그렇게 비싼 값을 지불할 여력이 없는 사람들은 캐비아 대신 도치나 대구알—이 역시 몇 십 년간의 과도한 어획으로 그 수가 많이 줄어들었다—로 만족하기도 한다.

캐비아와 샴페인의 환상적인 조합을 즐기는 사람들은 다음과 같은 사실에 불안감을 느낄지도 모르겠다. 최근 어류학자들은 대서양을 사이에 두고 양분되어 있던 철갑상어들의 경계가 아주 오래전에 파괴되었음을 알아냈다. 현재 유럽에 서식하는 길이 약 3m, 무게 약 200kg가량의 철갑상어는 미국에서 온 이민자들이고, 따라서 이들의 캐비아는 미국산 수입품이라 할 수 있다. 예민한 미식가들 중에는 이런 사실 하나만으로도 찜찜해할 수 있다. 더욱이 유럽에 서식하는 이 미국산 철갑상어의 장래가 별로 밝지 못하다는 점은 캐비아의 장래 역시 밝지 않다는 사실을 내포하고 있다. 캐비아 애호가들에게 적신호가 켜진 셈이다.

이제 차례 차례 정리를 해보자. 베를린 야생동물 연구소의 아르네 루드비히를 비롯해 독일과 미국의 여러 생물학자들로 구성된 연구팀은 최신 분자유전학적인 방법과 치밀한 추리력을 동원해 철갑상어들이 대서양을 횡단해 동쪽에서부터 서쪽으로 이주해왔다는 것을 밝혀냈다. 이것은 굉장히 이례적인 일이었다. 전문가들은 대서양 서쪽 연안과 동쪽 연안의 강들에 두 종류의 서로 다른 철갑상어가 살고 있다는 것을 알고 있었다. 1천 5백만 년 내지 2천만 년 전에 지각 변동으로 인해 북 대서양이 열리게 되었고 당시 그곳에 살던 철갑상어 개체군이 두 갈래로 갈라져 나갔던 것이다. 그 결과 유럽의 발트 해에는 원조 캐비아를 선사하는 아키펜세르 스투리오 Acipenser sturio라는 종이 자리 잡게 되었고, 북아메리카에는 아키펜세르 옥시린쿠스 Acipenser oxyrinchus라는 종이 서식하게 되었다. 그러나 강과 강 근처의 연안 바다, 발트 해 등이 오염되고 파괴됨에 따라 다른 민물고기들처럼 철갑상어의 수도 크게 줄어들 수밖에 없었다.

그 후 아르네 루드비히 팀은 박물관에 박제되어 있는 철갑상어의 유전자와 현존하는 철갑상어의 유전자 분석을 통해 미국의 철갑상어들이 중세의 '소빙하기' 무렵, 즉 1200년에서 800년 전부터 대서양 동쪽 연안에 서식했다는 암시를 찾아냈다. 처음에는 몇몇 미국 철갑상어들이 멕시코 만류를 타고 이 부근에 표류했을 것이다. 철갑상어는 알을 낳으러 강을 거슬러 올라가는 방랑물고기 중의 하나다. 이들은 바다나 강뿐만이 아니라, 바닷물이 섞인 강물에도 살 수 있으며, 이른 봄에는 알을 낳기 위해 강으로 거슬러 올라간다. 아마도 이렇게 강가를 방랑하던 몇몇 미국 철갑상어들 중 일부가 유럽의 강에도 발을, 아니 지느러미를 디뎠을 것이다. 그리고 장기적으로 그곳에 서식하던 발트 해 철갑상어를 희생시켰던 듯하다.

분자유전학적 비교 연구는 미국 철갑상어들이 수백 년에 걸쳐 유럽 철갑상어들을 몰아냈음을 보여준다. 대서양 동쪽 연안에서 흑해까지 곳곳에서 말이다. 유일한 예외가 있다면 그것은 남프랑스의 지롱드 지역이다. 그곳에서는 아키펜세르 스투리오의 용감한 일부 개체군이—아스테릭스 만화에서 로마인들에 대항하는 저 전설적인 갈리아 마을처럼—미국 철갑상어와 대항하여 승리를 차지했다.

미국에서 건너온 철갑상어들이 발트 해 연안의 철갑상어들보다 우세했던 이유는 무엇일까? 이를 이해하기 위해서는 약간의 생물학적 지식이 필요하다. 원래 유럽에 서식하던 철갑상어는 수온이 20℃ 이상인 곳에서만 산란을 한다. 반면 북아메리카의 철갑상어 아키펜세르 옥시린쿠스는 추위에 대한 적응력이 매우 뛰어나 13~18℃의 찬물에서도 산란이 가능하다. 이런 특성 때문에 북아메리카 철갑상어들은 유럽의 소빙하기에도 쉽게 적응할 수 있었을 테고, 본래 그곳에 서식하던 유럽의 철갑상어들을 계속해서 몰아낼 수 있었을 것이다. 유럽의 철갑상어에게 그곳은 산란에 맞지 않는 너무 추운 바다였다.

철갑상어들의 이야기는 우리에게 동물학적 지식을 선사해주고 있다. 이것은 멸종 위기에 처한 유럽 철갑상어의 보호 차원에서는 물론 원조 캐비아의 안정적인 수급에도 중요한 의미를 지닌다. 대서양의 수온은 다시 따뜻해졌고, 지금도 전 지구가 온난화 추세에 있기 때문에 미국 철갑상어의 산란은 장기적으로 볼 때 전망이 좋지 않다. 그러나 미국 철갑상어들은 수적 우위를 바탕으로 따뜻한 수온에 다시 적응할 가능성도 있다. 철갑상어의 연구자들은 멸종 위기에 처한 발트 해 철갑상어를 다시 되살리는 것부터 관심을 가져야 한다고 목소리를 드높인다.

이런 배경에도 불구하고 캐비아의 공급은 아직까지 문제가 없어 보인다. 동대서양산 캐비아는 원래부터 좋은 평가를 받지 못했을 뿐더러, 사람들이 최고로 치는 캐비아는 카스피 해에 서식하는 유럽 토종 철갑상어로부터 수급되고 있기 때문이다.

동화 속을 걸어 나온 코끼리

회색 거인 코끼리는 언제나 전설과 우화의 주인공이었다. 기원전 218년, 카르타고의 명장 한니발이 37마리의 코끼리를 몰고 알프스 산을 넘어 로마에 나타났을 때, 코끼리들은 비로소 역사의 빛 속으로 모습을 드러냈다.

한니발의 로마 원정에 동원된 코끼리들은 운이 좋지 않았다. 고된 행군과 전쟁 끝에 결국 한 마리만이 살아 돌아왔다고 전해진다. 현재 지구상에 서식하는 코끼리들의 형편도 그보다 나을 게 없다. 코끼리들은 현재, 본래의 서식지였던 아프리카와 아시아 일대에서 생활공간을 박탈당하고 멸종될 위기에 처해 있다. 전문가들의 추산에 따르면 약 500년 전에는 아프리카의 숲과 사바나에 약 천만 마리의 코끼리들이 서식했다고 한다. 하지만 아랍의 노예 사냥꾼, 상아 상인, 유럽 야생동물 사냥꾼, 밀렵꾼 등에 의해 코끼리의 개체 수는 급격히 줄어들었다. 오늘날 아프리카에 서식하는 코끼리는 60여 만 마리에 불과한 것으로 알려져 있다. 아시아 코끼리의 경우에는 아프리카의 1/10도 채 안 되는 것으로 추정하고 있다. 코끼리 보호를 외치는 사람들은 많아졌지만, 상황은 좀처럼 나아지지 않았다. 본래의 서식지마저도 인간들이 모두 점령해버린 탓이다. 코끼리들의 서식지는 나라에 의해 지정된 보호구역이나 국립공원 안으로 점점 좁혀지고 있다.

코끼리의 기억력과 이해력은 탁월한 편이다. 뇌의 크기도 상당하다. 뇌가 크다고 무조건 영리한 동물은 아니지만 코끼리의 경우는 다르다. 코끼리의 뇌는 복잡하게 구조화되어 있다. 자연의 모든 것에 의미가 있듯 코끼리의 큰 뇌에도 생물학적 의미가 있다. 경험 많은 한 마리 코끼리의 기억력이 무리 전체의 운명을 좌우하기 때문이다. 코끼리는 대개 서열이 제일 높은 암코끼리와 그 이하 4대까지의 후손들이 함께 무리를 이루어 생활한다. 이때 무리를 인도하는 대장은 늙은 암컷이다. 대장 코끼리는 그들의 서식지에 대해 완벽히 꿰뚫고 있는데 어느 지점에서 강을 건너는 게 가장 안전한지, 달콤한 과일이 열리는 시기는 언제쯤인지, 물은 어디에 있으며 소금은 어디로 가야 얻을 수 있는지 등등을 훤히 꿰고 있다. 덕분에 코끼리들은 위험을 감지하는 데 매우 뛰어나다.

최근 한 연구에 의해 코끼리에 관한 전설처럼 내려오던 흥미로운 사실 하나가 확인되었다. 코끼리들이 다양하고 섬세한 방법으로 의사소통을 한다는 놀라운 사실 말이다. 우리 귀에 들리는 커다란 울음소리만이 코끼리의 의사소통수단이라고 믿는 건 착각이다. 코끼리들이 그렇게 큰 소리를 내는 것은 약간 흥분했을 때―아마도 위험이 다가올 때―뿐이다. 평소에는 속삭이는 톤, 즉 초음파로 의사소통을 한다. 장거리 소통까지도 가능하다.

이는 코끼리 전문가들이 짐작해왔던 바와 일치한다. 야생동물 사냥꾼들은 코끼리 무리들이 먹이를 찾기 위해 사바나와 숲으로 몇 마일씩 흩어졌다가 밤이면 다시 한데 모인다는 사실을 발견하고 놀라움을 금치 못했다. 1960년대, 저명한 코끼리 연구가인 이아인과 오리가 더 글라스 해밀턴은 여기에 천착해 체계적인 현장 연구를 시작했다. 그들은 한가로이 풀을 뜯는 코끼리 무리에게서 낮은 음으로 웅웅거리는 소리를 포착해냈다. 그러나 코끼리들이 우리 귀에 들리는 그 둔중한 소리만으로 의사소통을 하는 건 아니다. 코끼리들은 인간이 전혀 들을 수 없는 초음파로 대화를 나눈다. 인간을 배제한 채 20km 떨어진 상태에서도 자기들끼리 '대화를 나눌 수' 있는 것이다.

미국의 동물학자 캐서린 페인이 발견한 바에 의하면 코끼리들은 굉장히 수다스러운 동물이다. 페인은 우연히 미국 포틀랜드 동물원에 사는 아시아 코끼리들의 주변이 낮은 바이브레이션으로 가득 차는 것을 발견했다. 초음파 측정기로 측정한 결과 코끼리들이 약 10~15초 동안 14~24Hz의 낮은 음을 발산한다는 사실을 알아냈다. 코끼리들의 속삭임은 아프리카와 아시아의 야생 코끼리들 개체군에서도 확인되었다. 코끼리들은 코의 시작 부분, 눈높이 정도의 약간 불룩 튀어나온 곳에서 소리를 만드는 것으로 추측된다. 아마도 두개골과 코가 이어지는 비강 부근에서 막을 진동시키는 듯하다.

　엄청난 대식가로 끊임없이 먹이를 섭취해야 하는 아프리카 코끼리들은 먹이를 구하기 위해 넷, 여섯, 혹은 여덟 마리 정도로 무리지어 흩어진다. 때가 되면 코끼리들은 비밀스런 신호라도 받은 듯 한군데에 집결해 몇 십 마리씩 무리를 이루어 이동한다. 코끼리들이 사용하는 낮은 주파수는 그들의 생활공간에서 매우 중요한 의미를 갖는다. 키 작은 덤불이 많은 사바나 지역의 경우 낮은 소리가 높은 소리에 비해 비교적 멀리까지 퍼지기 때문이다. 높은 주파수의 소리는 덤불에 빨리 흡수되어 버리는 데 비해 낮은 주파수의 소리는 덤불의 영향을 받지 않고 먼 곳에 위치한 동료한테까지 전달된다.

　코끼리들의 초음파는 무리생활을 영위하는 데 사용되기도 하지만, 짝짓기 파트너와의 의사소통에도 긴밀히 사용된다. 짝짓기 철의 수컷들은 초음파로 구애의 메시지를 보낸다. 암컷들도 짝짓기 철이 되면 강력한 초음파를 발산한다. 물론, 수컷들을 유혹하는 소리다. 암컷의 소리를 들은 수컷들은 분주해진다. 암코끼리는 늘 이틀 정도만 짝지을 준비가 되어 있기 때문이다. 코끼리의 초음파는 번식 활동뿐만이 아니라 생명 유지에도 매우 효과적인 의사소통 수단이다.

　최근, 암보셀리 코끼리리서치 프로젝트의 신시아 모스를 위시한 행동학자 팀은 코끼리들이 광범위한 음향효과 네트워크를 구성한다는 것을 발견했다. 이에 따르자면, 코끼리들은 지금 자신이 누구와 '이야기를 나누고 있는지'를 정확히 알고 있다. 코끼리들의 큰 귀는 지금 자신의 주변에서 무슨 소리가 나는지, 그게 누구의 소리인지 정확히 가려낸다. 연구자들은 케냐 소재 암보셀리 국립공원의 코끼리들에게 친분이 있는 코끼리의 소리와 낯선 코끼리의 소리를 구분해 들려주었다. 그 결과 코끼리들은 약 100명에 이르는 동료들의 소리를 구별해냈다. 심지어 코끼리들은 그 소리가 친척의 소리인지, 같은 무리에 속한 동료의 소리인지까지 정확히 구별했다. 실험 대상이 된 코끼리들은 죽은 지 2년이 지난 친척 코끼리의 초음파 소리를 들려주었을 때도 그 소리를 분간했다. 죽은 친척 코끼리의 소리에 응하면서 이 소리를 찾아 주위를 두리번거렸던 것이다. 그에 반해 일면식이 없는 생소한 코끼리의 소리를 들었을 때는 그저 잠깐 귀를 쫑긋거리는 데 그쳤다. 학자들은 코끼리처럼 사회성이 강하고 수명이 긴 동물들의 의사소통 네트워크가 비단 동화 속 이야기만이 아니라는 것을 인정한다.

최근 관찰된 다른 행동들 역시 코끼리의 습성이 인간과 비슷하다는 것을 실감케 한다. 롭 슬로토우를 비롯한 남아프리카의 행동학자들은 아버지가 없는 청소년기의 수코끼리들은 망나니가 되고 수컷의 광기에 사로잡히고 만다고 지적한다. 1980년대 남아프리카의 필라네스버그 근처에서 어미 코끼리가 총에 맞아 죽는 바람에 10살 미만의 어린 코끼리들이 고아가 된 적이 있었다. 부모의 돌봄을 받지 못했던 이 코끼리들은 1992년에서 1999년 사이에 그곳의 무소를 40마리 이상 죽였다. 이 무리에 속한 수코끼리들은 테스토스테론의 분비가 굉장히 높은 상태였다. 테스토스테론의 왕성한 분비는 아프리카 코끼리를 공격적으로 만드는 요인이었다. 공원 관리자들은 젊은 코끼리들의 충동적인 행위를 제어하기 위해 크뤼거 국립공원 출신의 나이 지긋하고 경험 많은 '평범한' 수코끼리들을 영입했다. 그러자 젊은 코끼리들은 신속하게 이성을 되찾았다. 연구자들이 〈네이처〉지에 보고한 바에 따르면, 나이 든 코끼리들과 함께 있는 것만으로도 젊은 수코끼리의 테스토스테론 수치는 급격하게 감소되었다. 연구자들은 젊은 코끼리들이 호르몬 분비 기복이 심한 시기에 생리적으로나 심리적으로 스스로 여기에 대처하는 법을 배운다고 추측하고 있다. 다만 나이 든 코끼리들이 옆에 없을 경우에만 광포해진다는 것이다. 아프리카와 아시아 코끼리들이 다시 그들의 생활공간을 되찾음으로써, 우리가 알지 못했던 코끼리들의 동화 같은 일상이 좀 더 자세히 알려졌으면 하는 바람이다.

바다 속의 트렌드세터 혹고래

고래들도 새들처럼 노래를 한다. 일찍이 고래잡이들은 새들만 노래를 부르는 게 아니라 바다 포유류인 고래들도 자기들만의 노래를 한다는 것을 알았다. 그들은 나무 배를 공명판으로 사용해 고래들의 독특하고 매력적인 노래를 청해 들었다. 그것은 다른 세계에서 들려오는 신비의 소리와도 같았다. 웅웅거리는 소리, 낮게 코를 고는 듯한 소리, 창고 문이 삐그덕 대는 듯한 소리, 갈매기의 끼룩거림과 비슷한 소리 등 둔탁하고 육중한 소리들이 어우러져 독특한 멜로디를 갖추고 있었다.

여러 동물처럼 고래들의 노래도 의사소통에 활용된다. 행동학자들은 혹고래들이 짝짓기 철마다 늘 새로운 노래들을 작곡한다는 사실과 그 노래들의 운이 딱딱 들어맞는다는 것을 발견하고 놀라움을 금치 못했다. 게다가 고래들은 대양별로 저마다 특색 있는 멜로디를 가지고 있었다. 몇몇 재능 있는 고래들이 음악적 유행을 선도하는 듯했다.

1950년대에 들어 사람들은 낮은 주파수로 울려 퍼지는 고래의 노랫소리를 하이드로폰[17]을 이용해 녹음하고 들을 수 있게 되었다. 혹고래들은 봄이 되면 열대의 따뜻한 수역으로부터 방랑길에 오르는데, 이 녹음을 통해 이들이 물 밑 의사소통의 진정한 대가임이 드러났다. 미국

17) 민감한 소리를 포착할 수 있는 잠수마이크로폰.

출신의 학자 부부인 캐서린과 로저 페인은 버뮤다 혹고래들의 음악을 엿듣기 위해 열대 바다에 범선을 띄우고 규칙적으로 잠복근무를 했다. 혹고래들의 노래는 동물의 소리 중 가장 길고, 가장 느리고, 가장 컸다. 그들의 소리는 30~400Hz의 주파수대에 위치하는데 간단한 음에서 복잡한 음까지, 높은 소리에서 아주 낮은 웅웅거림까지 그 종류가 매우 다양했다. 고래들은 15분에서 30분까지 쉬지 않고 노래를 불렀는데 그러는 동안 같은 테마가 반복적으로 지속되었다. 부부는 고래들의 소리를 녹음해 빠른 속도로 재생해 보았다. 그러자 신기하게도 새의 지저귐을 연상케 하는 신비한 노랫소리가 들렸다. 그렇게 탄생된 고래의 노래 테이프는 곧 유명해졌고, 지구상의 다른 소리와 함께 우주로 보내져 외계인을 환영하는 메시지로 쓰이기도 했다.

페인 부부는 장기간에 걸쳐 고래의 노래를 분석하면서 혹고래들의 노래에 점점 새로운 요소가 추가된다는 것, 즉 노래가 시간이 흐름에 따라 변한다는 것을 발견했다. 처음에 페인 부부는 고래들이 겨울의 번식기에만 노래를 부르고, 여름이 되면 먹이를 찾아 차가운 극지방의 바다로 이동하면서 노래를 잊어버리기 때문에 그런 현상이 나타난다고 생각했다. 그러나 그것은 착각이었다. 혹고래 메곱테라 노배앙글리애Megoptera novaeangliae들은 해마다 새로운 히트송을 내놓는 출중한 작곡가들이었다. 고래들의 노래를 꼼꼼하게 비교한 결과 페인 부부는 모든 고래가 내년 혹은 후년에 새로운 히트곡이 나올 때까지 똑같은 노래를 부른다는 사실을 알아냈다. 인간 외에 그런 식으로 노래를 발전시킨 동물은 고래 뿐이다. 혹고래들은 작곡 능력에 있어 베토벤과 비틀즈에 필적할 만 했다.

우리들처럼 혹고래들도 이제 갓 뜨기 시작한 '유행가'들을 선호한다. 음악성이 뛰어난 몇몇 고래들이 노래의 테마를 해마다 바꿔가며 트렌드를 유도하는 게 틀림없었다. 기존의 요소와 새로운 요소를 조합해 완전히 새로운 노래가 탄생—옛것에서 새것이 나오는 법이라지 않는가!—될 때까지 말이다. 이렇게 개발된 특정한 리듬과 속도는 몇 년간 지속되다가 곧 다른 것으로 대치된다. 새로운 노래는 다시 새로운 멜로디로 업그레이드될 때까지 모든 고래에게 사랑을 받는다. 페인 부부는 10년이 지난 노래들의 경우 이런 방식으로 원 멜로디의 약 5%만이 남게 된다는 사실을 발견했다. 전 해에 즐겨 불린 노래는 주도 모티브의 60%가 재사용되었다. 물론, 고래들 사이에서도 우리의 「에버 그린」과 비슷한 애창곡들이 있다. 어떤 노래는 1년이 채 안 되어 잊혀지는 데 반해, 몇몇 노래들은 7년 내지 8년 동안이나 유지되기도 한다.

혹고래들은 일 년에 두 번씩 차가운 바다와 열대 바다 사이를 오간다. 차가운 바다에선 먹이를 찾고, 열대 바다에선 짝짓기를 하고 새끼를 낳는다. 그들은 번식기에만 노래를 부르는 것으로 알려져 있다. 따라서 하와이와 카리브 해에서 겨울을 나는 혹고래들의 노래는 음이나 구성요소가 서로 다르다고 한다. 그러나 구조는 눈에 띌 정도로 비슷하다. 하와이에서의 현장 연구에 따르면 11월에 그곳에 모이는 고래들은 반년 전 그들이 떠날 때에 들려줬던 것과 정확히 같은 멜로디를 구사했다.

고래들의 노래를 전 지구적으로 비교한 결과 유행이 매년 바뀔 뿐 아니라 고립된 대양주의 분지에서 살아가는 혹고래들 간에도 조금씩 차이가 있는 것으로 밝혀졌다. 고립된 개체군은 독자적인 히트송을 고안하는 게 틀림없었다. 하와이 부근의 혹고래는 캘리포니아 연안의 고래들과 비슷한 노래를 불렀다. 그러나 대서양의 고래들과 카포 베르데 군도, 카리브 해에 사는 고래들은 같은 시즌에도 완전히 다른 노래들을 선보였다. 태평양 통가 제도 근처의 고래들도 마찬가지로 방언을 구사했다.

생물학자들은 최근 호주 동부 연안에서의 연구를 통해 평소에는 떨어져 살아가는 고래 무리들이 어떻게 최신 유행가를 습득하며, 이를 편곡하는지 알아냈다. 호주의 그레이트 배리어 리프Great Barrier Reef는 혹고래들이 일 년에 두 번 거쳐 가는 곳으로써, 1995년과 1998년 마이클 노드를 비롯한 연구팀은 이곳에서 서태평양 수컷 혹고래들의 노래를 녹음했다. 연구자들은 이런 방식으로 인도양 출신의 낯선 두 개체군이 어떤 방식으로 새로운 노래를 확산해 나가는지 알아보았다. 처음 두 해는 인도양 출신의 82마리만이 같은 노래를 불렀지만 이듬해로 넘어가자 이들의 노래는 점점 더 멀리 퍼져나갔다. 1997년에는 북쪽으로 향하던 112마리의 고래 중 다수가 새로운 노래의 요소들을 자신들의 전형적인 서태평양 노래에 취합했다. 같은 해, 이들이 다시 남쪽으로 되돌아올 때는 거의 모든 수컷들이 인도양 출신의 고래에게 배운 새 노래를 불렀다. 1998년이 되자 이들은 그 노래를 완벽하게 숙지했다.

이것은 어떤 동물의 행동 양식이 불과 몇 년 사이에 얼마나 빨리, 얼마나 완벽하게 변할 수 있는가에 대한 유일한 예다. 학자들은 처음에 생각했던 것과 달리 고래들이 노래를 잊어버리는 게 아니라, 더욱 적극적이며 합목적적으로 발전시킨다는 사실을 밝혀냈다. 연구자들은 고래의 노래를 동물계의 '문화적 진화'를 위한 새로운 증거로 받아들인다. 유행은 몇몇 고래에게서 시작될 뿐이지만 곧 다수의 고래들에게 퍼져나간다.

고래들이 왜 한 가지 노래를 고집하지 않고 세월의 흐름과 함께 노래를 변화시키느냐 하는 것은 여전히 수수께끼다. 혹고래들에게도 유행을 거스르는 일이란 쉽지 않은 일일 수 있다. 히트곡을 계속 부르다 싫증이 나서 새로운 노래를 작곡하는 게 아닌가 추측해볼 수도 있다.

하지만 수컷들만이 노래를 부른다는 사실과 짝짓기 철에만 이 노래들이 불리는 걸 보면 이런 '문화적 진보'가 암컷을 겨냥한 게 아니냐는 추측에 더 신빙성이 있다. 고래의 노래는 인간의 연가처럼 암컷의 총애를 얻기 위한 수단일 수도 있다. 암컷에 대한 관심이 수컷들로 하여금 노래자랑을 하도록 부추긴다는 것이다.

수고래들은 마치 시인처럼 노래의 운율을 맞춘다. 고래들의 노래는 강한 리듬의 반복되는 절로 구성된다. 각각의 악구는 일정한 자리에서 계속 반복된다. 아마도— 우리의 운문시의 기능과 마찬가지로— 혹고래들 역시 운을 맞춤으로써 노래를 더 쉽게 외울 수 있는 모양이다. 반복은 더 이상 노래가 생각이 나지 않을 때를 대비해 생각을 되살려주는 역할을 한다. 긴 유행곡을 외우는 데에는 운율이 큰 도움이 될 수 있다. 실제로 운율은 특별히 많은 요소들을 기억해야 하는 복잡한 부분에 등장한다.

수고래들의 노래는 짝짓기를 기억력 테스트의 장으로 만들어준다. 연구자들은 새로운 요소들이 들어간 방대한 레퍼토리가 암컷의 선택에 결정적인 영향을 줄 것이라고 추측한다. 수고래는 암컷을 유혹하기 위해 그 시즌의 최신 유행곡을 완벽하게 선보일 수 있어야 할 것이다. 노래를 부가적인 창작음으로 장식하는 것도 그리 나쁘지 않다. 끊임없이 새로운 요소를 받아들이고 남보다 튀어 보여야지만 암컷의 관심을 받을 수 있을 테니 말이다. 암컷을 얻기 위한 경쟁이 고래로 하여금 유행을 따르게 만들고, 자신의 노래에 새로운 요소들을 받아들이게 하는 것일 수도 있다. 따라서 호주 서부 연안(인도양에 속하는 바다)에서 온 낯선 혹고래들의 노래를 동부 연안의 암컷들만 들은 것이 아니라, 신참내기에게 지지 않으려는 그곳의 수컷들도 듣고 배워 암컷들에게 어필하고자 했을 것이다. 그리고 그들 역시 자기들 편에서 최선을 다해 새로운 노래를 내어놓아야 했을 것이다. 이런 식으로 암고래는 고래들의 바다 속 문화생활을 자극한다. '유행'에 앞서가면서 이성의 마음을 얻기 위해서라면 못할 게 없지 않겠는가!

아프리카 코끼리의 때늦은 커밍아웃

동물원의 동물들이 죽으면 내심 쾌재를 부르는 곳이 있다. 진귀한 소장품을 맞이하게 된 자연과학 박물관들이다. 베를린 자연사 박물관은 2001년 12월 또 하나의 인기 소장품을 보유하게 되었다. 바로 1년 전 베를린 동물원에서 바이러스 감염으로 죽은 박제된 새끼 코끼리 키리였다. 한편 학자들은 지금까지 몰랐던 새로운 종의 코끼리가 존재한다는 사실을 알아냈다.

아프리카 사바나 출신의 회색 코끼리들은 몸집이 거대하므로 쉽게 무시하고 넘길 수 있는 동물이 아니다. 그럼에도 불구하고 코끼리 연구가들은 최근에야 그들이 지금까지 한 종의 코끼리를 완전히 무시해왔음을 발견했다. 알프레드 로카와 슈테펜 오브리엔을 위시한 코끼리 연구가들과 분자유전학자들로 이루어진 연구팀은 몇 년 전 〈사이언스〉지를 통해 아프리카 코끼리가 기존의 정설과는 달리 한 종이 아니라 두 종이라는 논문을 발표했다. 그때까지 아프리카 코끼리는 사바나 일대와 우림에 서식하는 록소돈타 아프리카나Loxodonta africana 한 종으로 분류되고 있는 터였다.

코끼리 연구사를 돌이켜볼 때 이러한 견해는 이들이 처음으로 제시한 것이 아니었다. 100년 전에 이미 베를린의 한 학자가 아프리카 코끼리가 한 종이 아니라 두 종임을 깨달은 바 있기 때문이다. 1900년 경 베를린 자연사 박물관의 포유동물 담당 큐레이터였던 파울 마치가 바로 그다. 그는 아프리카 코끼리의 반은 록소돈타 시클로티스 Loxodonta cyclotis라고 부를 것을 제안했다. 그러나 당시 에는 약간 괴팍한 이 생물계통학자의 주장을 아무도 믿지 않았다. 여담이지만 새끼 코끼리 키리는 파울 마치의 때 이른, 그러나 옳았던 인식을 뒤늦게나마 축하해주고 자 베를린 박물관에 전시되어 있는 건지도 모른다.

마치와 그의 인식이 이렇게 때늦은 인정을 받게 된 것 은 분자유전학의 최신 연구 성과 덕분이다. 미국 메릴랜 드 주 소재 프리데릭 국립암센터의 연구자들은 아프리카 사바나의 코끼리들과 우림 지역의 코끼리들 간의 유전자 를 비교했다. 그들은 야생 코끼리들의 조직표본으로부 터 핵 DNA 조각들을 확보하여 21개 개체군의 195마리 에 달하는 코끼리 유전자를 비교했다.

간단하게 들리지만 이것은 쉽지 않은 작업이었다. 케 냐에 위치한 음팔라 리서치센터의 생물학자 니콜라스 게 오르기아디스는 이 일을 위해 아프리카 전역의 코끼리 서식지에서 살아 있는 코끼리들의 바이옵시(생체 검사) 표본을 수집했다. 표본수집에만 8년이 소요된 대작업이 었다. 현지에서의 이런 노력 덕분에 미국의 학자들은 파 울 마치의 견해를 증명하기에 충분한 의미 있는 자료들 을 손쉽게 확보할 수 있었다.

이들 코끼리 연구자들은 총 1,732개의 염기쌍으로 이루어진 유전자 비교를 통해 아프리카 코끼리에 또 하나의 종이 있을 것이라는 마치의 견해가 사실임을 확인했다. 사실 동물학자 중에서도 아프리카의 원시림 속의 숲 코끼리들을 본 사람은 흔치 않다. 하지만 누구나 숲 코끼리들을 유심히 관찰해보기만 한다면, 이들의 신체구조가 사바나 코끼리들과는 뚜렷하게 차이가 난다는 점을 어렵지 않게 알 수 있을 것이다. 오늘날에는 그저 파리의 동물원에서만 볼 수 있을 뿐인 이 수줍은 숲 코끼리들은 사바나 코끼리에 비해 몸집이 작고, 엄니가 더 길고 곧으며, 뾰족하지 않고 둥그스름한 귀를 가진 게 특징이다. 이런 특징 탓에 게오르기아디스는 "숲 코끼리를 처음 본 사람은 그 생소한 모습에 눈을 비비면서 '이게 무슨 동물인가?' 하고 의아해할 것"이라고 말하기도 했다. 그럼에도 불구하고 동물학자들은 오랫동안 이들을 '우림에 특화된 사바나 코끼리의 아종'으로만 여겨왔다. 아프리카 우림이 사바나로 넘어가는 지점에서 유전자가 서로 섞일 가능성이 높다고 추측했던 것이다. 동물학자들은 두 코끼리의 형태가 서로 다를지라도 결국 한 종이라고 생각했다.

그러다가 비로소 슈테펜 오브리엔 팀의 코끼리 유전자 분석으로, 숲 코끼리와 사바나 코끼리의 DNA가 오랫동안 서로 고립된, 서로 다른 생물학적 종들만큼이나 차이가 난다는 것이 밝혀졌다. 분자유전학자들은 이들의 외적 생김새에 차이가 있는 만큼 생화학적 측면에서도 차이가 있을 것이라고 예상했다. 그러나 연구 결과 둘의 유전자가 마치 사자와 호랑이의 차이처럼 무척 상이한 것으로 드러나자 몹시 당황했다. 이 연구 결과를 토대로 분자유전학자들은 하나의 조상을 가지고 있었던 두 코끼리들이 260만 년 전쯤부터 각기 다른 종으로 분화되지 않았을까 추정하고 있다.

빙하기 말, 홍적세 시기에 진행된 사바나 지대의 확장과 우림 지역의 축소가 이러한 분화에 영향을 주었던 듯하다. 사바나 지대의 확장으로 새로운 생활공간이 형성되었을 것이고, 변화된 환경에 쉽게 적응해버린 일부 코끼리들은 우림에 익숙한 동료 코끼리들을 떠나 사바나 지대로 이주했을 것이다. 어쨌든 숲 코끼리와 사바나 코끼리 간의 유전적 차이는 아프리카 코끼리와 아시아 코끼리들 간의 차이의 60%에 육박하는 것으로 알려졌다. 아시아 코끼리 엘레파스 막시무스Elephas maximus가 아프리카 코끼리와 완전히 다른 속에 속한다는 점을 상기해보면 놀라운 일이다. 이와 같은 차이점들은 지금까지 인정되지 않았던 두 번째 코끼리 종 록소돈타 시클로티스 Loxodonta cyclotis의 존재를 수긍할 수밖에 없게 만든다.

최근의 이런 분자유전학적 발견은 코끼리 보호에도 중요한 의미를 갖는다. 록소돈타 아프리카나Loxodonta

africana의 개체 수는 상아를 탐낸 밀렵꾼들에 의해 급격히 줄어들기 시작했고, 1980년대에 들어서는 이전의 절반 가량인 65만여 마리 수준으로 떨어졌다. 개체 수 감소는 이후에도 지속적으로 진행되어 현재 아프리카에 사는 코끼리 수는 50만 마리를 넘지 않는다. 이런 상황에서 코끼리 종이 둘이라는 사실이 밝혀졌으니 각 종에 속한 개체 수는 더욱 줄어든 셈이다. 얼마 안 되는 개체 수마저 두 종으로 나뉘어지는 바람에 이 두 종의 멸종 가능성은 한결 더 높아졌다.

워싱턴 협약(CITES)[18] 같은 국제협약은 록소돈타 아프리카나Loxodonta afraicana에만 적용될 뿐, 새로운 종으로 확인된 원시림 코끼리는 커버하지 못하는 상태다. 케케묵은 박물관 학문으로 오인되는 생물계통학이 생물 다양성에 대한 기본 이해뿐 아니라 종의 보호와 환경 보호에 얼마나 중요한 학문인지를 여실히 보여주는 사례라고 할 수 있겠다.

베를린 박물관의 새끼 코끼리 키리는 종 소속의 의문을 던지지는 않는다. 동물원에 살고 있는 대부분의 코끼리처럼 키리 역시 아시아 코끼리 혈통이기 때문이다. 아시아 코끼리의 미래는 아프리카 사촌들보다 더 어둡다. 현재 아시아 코끼리 개체 수는 5만 5천 마리 정도로 추산되고 있다. 동물학자들은 아프리카 코끼리에 대한 연구와 때를 같이 하여 아시아 코끼리들에 대한 연구에도

18) Convention on International Trade in Endangered Species of Wild Fauna and Flora, 멸종 위기에 처한 야생 동·식물의 국제 거래에 관한 협약.

관심을 기울였다. 워싱턴 소재 스미소니언 연구소의 로버트 플라이셔를 위시한 분자유전학자들은 명망 있는 전문지 〈에볼루션〉에 아시아 코끼리 엘레파스 막시무스 Elephas maximus 내에서도 부분적인 유전자 차이가 나타난다고 보고했다.

이를 위해 연구자들은 인도, 네팔, 인도네시아 섬에 서식하는 총 57개 코끼리 개체군의 미토콘드리아 유전자를 비교했다. 세포의 발전소 역할을 하는 미토콘드리아는 밀접한 연관이 있는 동물들의 친척 관계를 밝히는 데 유용한 자료가 된다. 연구 결과 아시아 코끼리들에게도 유전적으로 상이한 두 부류의 무리가 있다는 것이 밝혀졌다. 말레이시아와 인도네시아에 서식하는 코끼리들의 미토콘드리아에서 추출한 DNA는 태국과 네팔에 서식하는 코끼리들의 DNA와 뚜렷한 차이를 보였다. 스리랑카 섬의 코끼리들은 인도네시아 코끼리 쪽에 가까웠다. 연구자들은 이 연구 결과를 토대로 스리랑카 섬의 코끼리들이 기원전 300여 년 전 사람에 의해 인위적으로 유입되었다고 추측하고 있다. 지금까지 인도 내륙 지방과 스리랑카 섬에 서식하는 엘레파스 막시무스Elephas maximus는 서로 약간 차이가 나는 아종으로 간주되었다. 그러나 최근의 연구는 이들 지역 개체군의 지위를 서로 분리시킬 필요가 없음을 반증해주고 있다. 아프리카 코끼리들이 유전적 분리를 통해 두 종으로 분화해 나갔던 반면 아시아 코끼리들은 지리적인 거리에도 불구하고 인간을 통해 지속적으로 접촉해왔던 것으로 보인다.

이것은 비단 학문적인 관심으로 그칠 문제가 아니다. 아프리카 코끼리처럼 아시아 코끼리 역시 다양성을 지켜나가고 생존능력을 강화하기 위해서는 이들을 포획하여 사육할 때에 그들의 부모가 어느 지역 출신인지를 보다 깊이 숙고해야 한다. 코끼리처럼 눈에 잘 띄는 동물한테서도 언제든 새로운 사실이 발견될 수 있다는 것은 매우 놀라운 일이다.

2

인류 진화의 흔적을 찾아서

길 위에 남겨진 54개의 발자국

발자국은 환상을 일깨운다. 닐 암스트롱이 달의 표면에 남긴 발자국은 인류 최초로 우주에 조심스럽게 내디딘 첫 발걸음의 상징이 되었다. 360만 년 전. 원시 인류는 동아프리카의 라에톨리 사바나라는 전혀 다른 우주에 발자국을 남겼다. 그 길 위에 남겨진 54개의 발자국들은 호미니드 연구의 가장 매력적인 증거로 남았다.

작은 강줄기들이 가로지르는 드넓은 라에톨리 평원에 직립보행을 하는 영장류—나중에 '루시'라는 화석으로 유명해진 오스트랄로피테쿠스 아파렌시스로 추정되는 영장류—가 발자국을 남겼다. 학문적인 시각에서 본다면 발자국이 만들어진 당시의 상황은 운이 무척 좋았다고 할 수 있다. 라에톨리 평원에서 20km 떨어져 있던 사디만 화산의 폭발이 발자국 형성의 시발점이었다. 폭발과 함께 뿜어져 나온 화산재가 쥐색 베일처럼 평원 일대를 뒤덮었고, 폭발이 끝날 즈음 건기도 막을 내렸다. 미네랄이 풍부한 화산재 위로 비가 내리기 시작하자 지표면은 곧 시멘트와 비슷한 상태가 되었다. 영양과 기린, 무소와 코끼리를 비롯한 여러 동물들이 그 위를 지나갔다. 그 발자국들은 헐리웃 스타들의 손자국처럼 평원 위를 장식했다. 발자국의 주인 가운데는 직립보행을 하던 일군의 원시 인류도 있었다. 당시에 그들은 어떤 목적으로 이 광활한 평원을 횡단하고 있었을까?

1976년 여름—학문에서는 자주 그렇듯 우연히—한 연구팀이 라에톨리의 화석화된 동물 발자국에 주목하게 되었던 순간은 고인류학사상 잊지 못할 순간이었다. 1970년대, 메어리 D. 리키는 탄자니아 북부 일대에서 정력적인 발굴 캠페인을 진행하여 호미니드 화석들을 다수 발굴하게 된다. 그리고 그녀는 결국 남편인 미국의 인류학자 루이스 B. 리키와 함께 라에톨리 근처의 올두바이 협곡에서 화석화된 초기 인류의 발굴에 성공했다.

리에톨리 평원의 화석화된 발자국은 1996년에 작고한 위대한 여류 인류학자의 가장 빛나는 업적 중 하나다. 올두바이 협곡의 발굴이 이루어진 지 2년 후 메어리 리키와 함께 라에톨리 동물 흔적을 연구했던 미국의 지리화학자 폴 I. 아벨은 침식 부분 가장자리에서 20cm 길이의 화석화된 인간 발자국을 발견했다. 깊이 패인 발뒤꿈치와 발가락 자국이 선명한 이 발자국은 소유자의 체중까지 가늠하게 해준다. 1979년까지 꾸준히 이어진 발굴 작업으로 두 사람이 나란히 걸어간 것처럼 보이는 54개의 발자국이 드디어 세상에 모습을 드러냈다. 발자국들은 대략 30m 가량 이어져 있었다. 이것은 당시 세계를 놀라게 했던 센세이셔널한 발견이었다. 이 발자국이 오스트랄로피테쿠스 아파렌시스에 대한 무수한 추측을 의심의 여지없이 증명해주었기 때문이다. 선신세[19]에 활동

19) 지금으로부터 약 533만 2000년 전에 시작되어 약 180만 6000년 전까지 약 350만 년간 계속되었다. 이 시대의 지층에서는 조개류나 소형 유공충류를 비롯한 근세적인 동물 화석이 풍부히 산출된다.

했던 초기 인류가 현대의 인류처럼 두 다리로 직립보행을 했을 것이라는 추측 말이다. 발자국들은 호미니드의 보법과 보폭에 대해서도 많은 정보를 담고 있었는데, 이것은 화석화된 뼈만으로는 얻을 수 없던 부분들이었다. 라에톨리 발자국은 수백만 년 전의 원시시대를 들여다볼 수 있도록 창을 열어주었고, 초기 인류의 특징을 파악하는 데 결정적인 모티브를 제공했다.

소묘가들은 라에톨리의 오스트랄로피테쿠스 아파렌시스 발자국의 주인공을 두 사람으로 묘사했다. 존 홀름스는 뉴욕에 소재한 미국 자연사 박물관에 전시된 디오라마[20]에 커다란 성인 남자와 작은 원시인 여자를 재구성했다. 그리고 여기에 더해 제이 마턴스는 〈내셔널지오그래픽〉지에 어린 아이까지 첨가해 그려 놓았다. 오스트랄로피테쿠스 부부의 이 화목한 풍경, 특히 여자의 어깨에 팔을 두르고 있는 남자 특유의 제스처는 순전한 상상이다. 뉴욕 박물관의 인류학 분야 큐레이터 이안 태터솔은 "우리는 이 초기 인류의 성별이 다름을 강조하려 했으며, 가능하면 아주 매력적인 장면을 연출하고자 했다"며 "이 그림은 발자국에 관해 생각할 수 있는 여러 가지 재구성 중 하나일 뿐"이라고 말했다. 그러나 이런 설명에도 불구하고, 라에톨리 발자국 주인공들을 재현한 이 그림은 가부장적인 시나리오를 부추긴다는 페미니스트들의 비난에 시달려야 했다. 그 후 발자국에 대한 꼼꼼한

20) 길고 큰 마포에 연속된 광경을 그린 유화의 앞쪽에 여러 가지 물건을 놓고, 그것을 잘 조명하여 실물을 보는 듯한 느낌을 일으키게 한 장치.

124

연구가 이루어진 결과 이 발자국의 주인공은 두 사람이 아니라 세 사람이라는 것이 밝혀졌다. 작은 발자국은 신장이 1.2m 정도 되는 여성 혹은 소년의 것으로 보인다. 그에 반해 그와 평행한 더 커다란 발자국은 두 호미니드의 발자국으로 구성되어 있다. 최근의 정확한 광도측정 결과 신장 1.5m 정도의 오스트랄로피테쿠스가 앞서 갔고 그보다 더 작은 두 번째 호미니드가 신중하게 앞서간 오스트랄로피테쿠스의 발자국 위를 밟고 갔던 것으로 나타났다. 아마도 질퍽거리고 미끄러운 재바닥을 더 쉽게 건너기 위해 그랬을 것이다. 발자국의 전개를 보면 이 세 원시인이 바짝 붙어, 앞서거니 뒤서거니 하며, 위험 많은 광활한 초원을 건너가기 위해 서로 보조를 맞추었다는 것을 짐작할 수 있다.

오스트랄로피테쿠스의 이 발자국들은 손상되지 않은 채로 300만 년 이상을 동아프리카의 땅 속에 묻혀 있었다. 그러던 중 1970년대 말 침식으로 인해 지면에 그 흔적이 드러나면서 인류학자들에게 발굴되었다. 인류학자들은 이 발굴물을 평원 주변의 야생동물이나 풀을 뜯는 마사이 족 가축들에게서 보호하기 위해 조심스럽게 강모래로 덮었다. 그리고 부가적으로 투명한 플라스틱판으로 덮었다. 하지만 의도하지 않게 아카시아 씨가 그 강모래들과 함께 화석 발굴지로 스며들었다. 아카시아 씨는 이상적인 성장조건이 갖추어진 화석 발굴지 안에서 순식간에 싹을 틔워 2m 이상의 커다란 나무로 자라났다. 결국 그 뿌리가 몇몇 발자국을 뚫고 들어가고 말았다.

라에톨리의 평원의 발자국이 이렇게 손상된 것을 두고 학자들은 "우리 시대의 커다란 학문적 비극 중의 하나"라고 말한다. 이 발굴물이 그런 형편에 처해 있다는 것은 1990년대 초에 알려졌다. 아카시아의 침식은 1994년까지 계속적으로 진행되어 발굴물을 파괴했다. 세계 문화 유적 보호를 위해 애쓰고 있는 로스앤젤레스의 게티 보호 연구소가 이 유명한 화석 발굴지를 뒤늦게 구해냈다. 학자들은 훼손 상태를 조심스럽게 점검한 후 이 민감한 발자국 화석을 완전히 박물관으로 옮기는 건 무리라고 결정 내렸다. 학자들은 이 화석 발자국이 뿌리로 엉기거나 침식당하는 것을 막기 위해 모래와 공기가 통하는 비닐, 바이오 매트 그리고 돌을 사용하여 보호하고 있다.

에티오피아 출신의 가장 오래된 인류

그들은 오래전부터 고기의 맛을 알았다. 하마와 영양의 고기를 즐기는 것은 에티오피아 출신 우리 조상들의 삶의 기쁨 중 하나였을 것이다. 빙하가 유럽 대륙의 북쪽까지 세력을 뻗어 일대가 온통 얼음으로 뒤덮여 있었던 시대에 말이다.

영겁의 시간이 흐른 뒤, 그들이 시식했던 하마Hippopotamus의 빛바랜 뼈와 땅에 묻혀 있던 석기들은 미국의 고인류학자 팀 화이트를 에티오피아 북동쪽 아파르 지역으로 이끌었다. 그리고 후일 이 발굴은 아프리카 땅에 생존했던 현생 인류에 대한 연구에 새로운 빛을 비춰주게 된다.

1997년 11월 말 화이트의 발굴팀은 오랜 노력 끝에 에티오피아 아와시 계곡의 헤르토 마을 근처에서 초기 인류의 두개골 뼈를 발견했다. 시기적절한 발견이었다. 비로 인한 침식과 강렬한 태양 때문에 퇴적층으로부터 삐져나온 두개골 왼쪽 부분이 이미 손상된 상태였기 때문이다. 연구자들은 1주일 동안 두 개의 두개골을 추가로 발견했다. 고생스런 작업 끝에 그들은 반경 400m 안에 흩어져 있던 약 200개의 뼛조각을 조합해 두개골의 형상을 복원했다. 이 두개골은 성인 남자와 여섯 살 내지 일곱 살 아이의 것으로 추정되었다. 이 고대인들이 무슨 일로 죽음에 이르게 되었는지는 알 수 없다. 그러나 그들의 죽음은 화석이 많지 않은 원시 인류 연구에 큰 공헌을 하게 되었다.

버클리 대학의 팀 화이트와 그의 동료들은 5년 이상의 지난한 연구 끝에 〈네이처〉지에 두 개의 논문을 발표했다. 화이트는 그 논문에서 헤르토 호미니드의 나이를 154,000~160,000살 정도로 추정했다. 이에 따라 헤르토 호미니드의 화석은 지금까지 발견된 아프리카의 현생 인류 화석 중 가장 오래된 화석으로 등극했다. 화석의 연대를 파악하기 위해 연구자들은 아르곤 동위원소법을 활용했다. 정확한 연대 측정을 위해 아르곤 동위원소의 방사성 분열 정도를 측정하는 것은 오늘날 고인류학 연구의 핵심이기도 하다.

동아프리카 일대에서 인류사를 밝혀주는 화석들이 다수 발견되긴 했지만, 개중에서도 이 새로운 헤르토 호미니드 화석이 지니는 의미는 단연 중요하다고 할 수 있다. 이들은 화석 증거들이 부재하는 연대에 형성된 것이기 때문이다. 지금까지 고인류학에는 30만 년 전에서 10만 년 전 사이에 형성된 화석 자료들이 극히 드물었다. 이 시기는 현생 인류가 아프리카의 요람을 떠나 서서히 세계 전역으로 퍼져나갔던 때다. 학자들은 현생 인류가 아프리카를 떠나 다른 대륙으로 이주하면서 그 지역에 살고 있던 호미니드들을 몰아냈다고 추측하고 있다. 최후까지 현생 인류에 맞섰던 유럽의 네안데르탈인도 결국 약 30만 년 전에 흔적 없이 사라져 버렸다. 남은 것은 단지 우리 호모 사피엔스 사피엔스 뿐이다.

인류학자들은 태초의 인류가 아프리카에서 탄생되었다는 것을 오래전부터 알고 있었다. 고인류학 분야에서는 2~3년에 한 번씩, 때로는 몇 달 혹은 몇 주 간격을 두고서 '스펙터클한', '센세이셔널한' 등의 꼬리표를 단 새로운 발굴들이 이어졌다. 그럼에도 불구하고 고인류학자들의 연구엔 어려움이 많았다. 그들은 어디에서 어떻게 화석을 찾아야 하는지는 알았지만, 다른 동물들에 비해 인류의 화석은 여전히 드물기만 했다.

멸종된 호미니드의 작은 뼛조각 하나는 엄청난 희소 가치를 가질 수밖에 없었다. 통계적으로 볼 때 이빨이나 뼛조각은 대부분 우리로부터 100세대 이내의 조상들에게 속하는 것들이 많다. 팀 화이트를 비롯한 다른 학자들은 침식으로 인해 드러난 아프리카 북동쪽 반 고원 지역의 퇴적층에서 수개월씩, 혹은 몇 년 씩 화석 찾기에 힘을 쏟아야 했다. 그것은 말 그대로 건초더미 속에서 바늘 찾기였고, 순전한 시간 낭비에 다름없었다.

때문에 초기 인류의 화석이 새로 발견될 때마다 센세이셔널한 일로 축하되는 것도 놀랄 일이 아니다. 고인류학자들은 수만 년 묵은 먼지 속에서 이렇게 힘들여 찾은 뼈에 소중한 이름을 지어준다. 팀 화이트를 위시한 연구팀은 헤르토 화석에게도 호모 사피엔스 '이달투'라는 이름을 지어주었다. 이달투는 에티오피아 아파르 지방의 토착어로 '나이가 가장 많은 자'라는 뜻이다.

새로운 소식에 목말라 있는 언론은 이런 화석들이 발굴될 때마다 떠들썩하게 보도를 한다. 뉴스는 얼마 안가 곧 잊혀지기 마련이지만 연구는 그때부터 시작이다. 하나의 모자이크 조각에 불과한 이 화석이 호미니드 진화 역사의 어느 부분에 어떻게 들어맞게 되는지는 수년간의 비교 연구 끝에 드러난다. 최근, 에티오피아의 호모 사피엔스 화석에 관한 학자들의 의견은 이견 없이 하나로 모아지고 있다. 런던 자연사 박물관의 크리스 스트링어는 팀 화이트가 발견한 헤르토 화석을 '초기 호모 사피엔스의 가장 중요한 발굴 중의 하나'로 본다. 헤르토 화석이야말로 현생 인류의 가장 오래되고 결정적인 흔적이기 때문이다. 스트링어는 헤르토 화석이 뒤로는 태곳적 인류의 오래된 아프리카 화석들과 이어지고, 앞으로는 이스라엘의 스쿨 및 카프체 동굴에서 발견된 115,000년 된 호미니드와 이어지는 결정적인 연결고리라고 생각했다. 그로써 이달투 인류에게 진정한 중간자적 위치가 부여되는 것이다.

실제로, 이달투의 두개골은 현대적 특징과 고대적 특징이 적절히 혼합되어 있다. 둘의 형태를 잇는 적당한 연결고리임을 스스로 증명하고 있는 셈이다. 이달투는 두

뇌 용량이 1,450cm³ 정도로 현생 인류와 비슷한 크기의 뇌를 가졌으며, 이마의 굴곡이 완만하고 눈 윗부분이 들어간 평평한 얼굴을 지니고 있다. 단 뒷머리가 각이 지고 눈이 서로 멀리 떨어져 있는 것이 아직은 태곳적 조상을 상기시킨다.

이 때문에 함부르크의 인류학자 권터 브로이어는 이 달투 인류를 현대의 호모 사피엔스 사피엔스로 이르는 문턱에 서 있는 것으로 본다. 그에 따르면 이달투 발굴물은 고인류학 분야에서 절대적 지지를 받는 가설인 '아프리카 기원설'에 놀랍도록 들어맞는다. '아프리카 기원설'에 의하면 현생 인류는 검은 대륙, 아마도 말라위와 에티오피아 사이의 동아프리카에서 탄생하여 그곳으로부터 근동近東[21]으로 퍼져나갔고, 그 후 세계의 나머지 지역을 정복했다. 이 가설이 맞다면 우리는 피부색깔을 떠나 모두 아프리카인이 된다. 크리스 스트링어는 오래 전부터 이 가설을 확신해왔다. 현생 인류의 아프리카 기원설을 옹호하는 사람들은 호모 사피엔스 사피엔스로 이르는 과도기적 화석이 발견될 수 있는 곳은 아프리카밖에 없다고 말한다. 네안데르탈인처럼 유럽과 동아시아에서 살아가던 원시 인류에게는 이런 발전 단계를 보여주는 화석이 부재하기 때문이다. 브로이어와 스트링어 같은 연구자들은 그로써 '다지역 기원설'을 반박한다. 다지역 기원설은 현생 인류가 지구의 여러 곳에서 동시

21) 서유럽에 가까운 동양의 서쪽 지역. 터키, 이란, 이라크, 시리아, 이스라엘 등의 여러 나라가 있다.

에 병렬적으로 탄생했다고 보는 설이다.

'아프리카 기원설'은 분자유전학적으로 충분히 뒷받침을 받고 있다. 네안데르탈인 화석으로부터 얻어낸 유전자 정보에 따르면, 네안데르탈인은 현생 인류의 직접적인 조상이 아니었다. 물론 네안데르탈인이 호모 사피엔스와 함께 몇 만 년 동안 유럽과 근동의 넓은 지역에 흩어져 살았던 것만은 확실하다. 학자들은 유전자 비교를 통해 현생 인류와 네안데르탈인의 진화적 가지는 이미 60만 년 전에 아프리카에서 갈라져 나왔다고 추정했다. 현생 인류의 조상은 네안데르탈인의 조상보다 훨씬 늦게 북쪽으로 진출했을 것으로 추측된다. 아마도 현생 인류의 아프리카 탈출은 이달투 인류가 생존했던 시대 이후, 유럽 북쪽의 기후가 다시 온화해졌을 때에야 비로소 진행되었을 것이다.

유럽을 향한 엑소더스,
원시 인류의 아프리카 탈출기

지구사가 시작된 이래 인류는 여러 번 방랑길에 올랐다. 그들은 단기간에 걸쳐 비교적 작은 무리로 나뉘어 새로운 거주지를 개척했다. 첫 번째 이주의 물결은 약 2백만 년 전 호모 에렉투스로부터 시작되었다. 그들은 유럽과 동남아시아로 퍼져나갔다. 그 후, 약 17만 년 전 호모 사피엔스가 새롭게 아프리카로부터 길을 떠났다. 이들은 10만 년도 되지 않아 지구 전역에 퍼지게 되었다.

라이프치히 소재 막스플랑크 연구소 진화인류학과 스반테 페보를 위시한 연구자들은 스웨덴 웁살라 대학의 유전학자들과 함께 현생 인류에 대한 대규모의 분자유전학적 분석을 시도했다. 이들은 이 연구를 통해 고인류학계를 뜨겁게 달구었던 '아프리카 기원설'을 확인하고자 했다. 이를 위해 연구자들은 아프리카의 키구유에서 시베리아의 에스키모까지 지리적 배경과 인종이 서로 다른 53명의 미토콘드리아를 각각 추출하고 16,500개의 염기쌍을 포함하는 게놈을 비교했다. 비교 결과, 현생 인류의 공통 조상은 171,500(±50,000)년 이전에 아프리카에서 살았던 것으로 추정되었다. 현생 인류의 조상은 아라비아를 거쳐 아시아와 유럽으로 퍼져나갔고, 네안데르탈인과 같은 다른 종의 인류를 몰아내었다. 생식이 가능했던 인구 중 대략 1만 명 정도가 이 이주에 참여한 것으로 추정된다.

캘리포니아 소재 스탠포드 대학에서도 또 하나의 연구가 이루어졌다. 이탈리아의 저명한 유전학자 루이기 루카 카발리-스포르차의 주도 하에 진행된 이 연구에서는 유럽 남성 1,007명의 Y염색체를 분석했다. 카발리-스포르차는 유전적, 언어적, 고고학적 데이터들의 총합이 인류의 거주 역사를 어느 정도로 밝혀줄 수 있는지를 매우 설득력 있게 증명해 보였다. 그의 견해에 따르자면 미토콘드리아에 담긴 유전 정보는 모계 유전이기 때문에 인류의 유전적 역사의 모계 쪽밖에 반영하지 못한다. 그는 남성만의 염색체인 Y염색체를 연구함으로써 부계 쪽 진화 노선에 대한 지식을 보충할 수 있다고 생각했다.

오르넬라 세미노의 주도 하에 스탠포드 대학에서 진행된 최근의 연구는 유럽에 최소한 세 차례의 이주 물결이 있었음을 증명한다. 학자들은 언어학적 비교를 통해 이를 유추할 수 있었다. 게다가 분자유전학적 데이터들 역시 초기 인류 문화의 예술과 관습에 대해 이미 알려진 고고학적 발견들과 일치했다. 약 4만 년 전에 소위 '오리냐크 문화[22]'에 속한 인류가 동쪽에서 유럽으로 이주해 왔다. 이 문화는 이미 상당히 발달되어 있던 상태였다. 오리냐크 문화는 사슴이나 노루의 뿔, 뼈, 상아로 된 도구 및 프랑스와 스페인의 동굴에서 볼 수 있는 석기 시대

22) 프랑스의 오리냐크 동굴 유적에 연유하여 붙여진 이름이다. 동으로는 북이라크·아프가니스탄·시리아·팔레스티나 등지를 포함하여, 주로 루마니아·남부독일·프랑스·에스파냐 지역을 중심으로 형성되었다.

의 미술로 알려져 있다.

연구자들은 이 첫 번째 이주에서 비롯된 Y염색체의 특정한 변화인 m173 특질을 발견했다. 오리냐크 문화를 이루었던 구석기인들의 혈통에 관해선 지금까지 늘 의견이 분분한 터였다. m173 특질은 이들이 중앙아시아 혈통임을 확실하게 증명한다. 그에 따르면 오늘날 유럽 남자의 절반은 오리냐크 문화를 이룩했던 구석기인들의 유전적 유산을 지니고 있다.

이들이 이주한 직후인 약 38,500년 전 인류는 수적으로 괄목할 만한 성장을 했다. '인구 폭발'은 앞서 독일과 스웨덴 연구팀의 미토콘드리아 게놈 연구에서도 확인되었다. 이것은 한 세대를 20년으로 할 경우 약 1925세대 전에 일어났던 것으로 보인다. 그런 뒤, 약 35,000년 전에 유럽에서 오리냐크 문화가 절정에 달했다.

그 뒤, 약 22,000년 전에 두 번째 이주가 시작되면서 근동에서 유래한 '그라베트Gravettien 문화'[23]가 뒤따랐다. 이들은 예술과 관습에서 이전의 중앙아시아 친척들과 뚜렷이 차이가 날뿐 아니라, Y염색체의 또 하나의 유전적 특질인 m170을 남겼다. 오리냐크 문화는 서유럽과 남유럽을, 그라베트 문화는 동유럽과 중부 유럽을 지배했던 것으로 보인다. 26,000년에서 16,000년 사이 유럽의 마지막 빙하기가 절정에 달한 동안 오리냐크 계열의 구석기인들은 얼음이 없는 이베리아 반도 및 현재의

23) 약 2만 5천년 전으로 추정되는 유럽의 구석기 시대. 돌을 갈아 만든 여인상, 라스코 동굴에서 나온 갈아 만든 등잔 등의 유적이 있다.

135

우크라이나로 피난갔고, 그라베트 계열의 구석기인들은 발칸 반도로 퇴각했다. 그리고 빙하가 물러가자 이 두 인구군은 이런 피난처를 출발점으로 팽창하기 시작했다. 오르넬라 세미노와 루카 카발리-스포르차를 위시한 연구자들에 따르면 빙하기 후의 이런 신속한 인구 확산은 이 두 구석기 문화의 유전적 특질이 오늘날 유럽인의 유전자를 지배하는 이유를 설명해준다.

약 9,000년 전쯤 세 번째 이주의 물결이 왔고 드디어 '신석기 혁명'이 일어났다. 이 혁명으로 땅을 경작하고 가축을 기르는 것이 메소포타미아에서 유럽으로 확산되었다. 그러나 놀랍게도 유럽 남자 중 단지 20%에서만 신석기 농사꾼들의 Y염색체 흔적을 찾을 수 있다. 나머지 80%의 경우는 아버지에게서 아들에게로만 유전되는 Y염색체가 그 이전의 1, 2차 이주 물결을 통한 구석기 조상들에게서 유래하고 있었다.

유전학적 데이터와 고고학적 발견들의 총합을 통해 오랫동안 의견이 분분했던 유럽인의 유래에 대한 질문은 이제 해결되었다. 유럽 남자들의 Y염색체는 구석기 이주민들의 영향을 크게 받았고, 메소포타미아의 신석기 농부들에게서는 비교적 적은 영향을 받았다. 유럽의 구석기 토착민들은 메소포타미아의 농부들을 통해 경작 기법을 습득하긴 했지만, 자신들의 패권을 내어주진 않았던 모양이다. 따라서 유럽의 구석기 토착민들이 메소포타미아의 신석기 이주민들로 대치되었다기보다는 신석기인들이 유럽 토착민의 용광로에 녹아들었다고 보는 것이 옳을 듯하다.

신석기 시대의 유전자 특질은 이주자들의 경로도 알려준다. 카발리-스포르차는 비옥한 초승달 지역에서 온 새로운 이주민들이 배를 타고 지중해 연안을 거슬러왔을 것으로 추측한다. 구석기인들의 특질이 남쪽보다 유럽 북쪽에서 우세하고, 남쪽에서는 신석기인들의 특질이 우세하기 때문이다.

미토콘드리아 유전자에 대한 다른 연구들도 구석기 유산이 80%이고 20%만이 신석기 문화의 유산임을 보여준다. 어쨌든 모계 쪽의 미토콘드리아 유전 정보에도 그들의 특질이 연안 지역에 집중됐다는 증거는 발견되지 않았다. 이것은 다시금 남자와 여자의 이주 과정이 달랐음을 추측케 한다. 아버지와 아들, 남자 형제들은 지리적으로 아주 가깝게 거주했던 데 반해 여자들은 남편의 가족에 붙어 다녔기 때문인 듯하다.

유럽에서 농경이 어떻게 시작되었는지에 대해서는 늘 설이 분분했다. 동방 출신 농부들이 유럽에 밀려들어 왔기 때문인지, 자체적인 교양의 혁명 때문이었는지 말이다. 이를 두고 여러 연구자들은 서로 모순적인 결론을 내렸다. 몇 년 전에 이루어진 카발리-스포르차의 분자유전학적 연구에 따르면 유럽인과 근동의 거주민들은 똑같은 유전적 특질을 가지고 있는 것으로 나타났다. 그러나 유럽의 동쪽에서 서쪽으로 갈수록 이 특질의 점유 비율은 점점 줄어든다. 이것은 현대 유럽인들의 유전자가 신석기 이주민들에게 영향을 받았음을 뚜렷이 암시하는 것이다. 다른 연구자들은 근동 출신의 신석기 농경인들에게서 유래될 수 없는 더 오래된 유전적 특질을 발견하여 학자들을 헷갈리게 했다. 이 모든 논란의 와중에서도 위에 제시된 여러 번의 이주 물결이 있었다는 최근의 발견은 이런 연구들이 서로 모순되지 않는다는 사실을 보여준다. 유럽인들은—점유율은 서로 다르지만—구석기인뿐 아니라 신석기 이주민들로부터도 유전적 유산을 이어받았다.

완벽한 센세이션이었다. 2004년 10월 말 호주와 인도네시아의 고인류학자들은 18,000년 내지는 13,000년 전쯤에 인도네시아 순다 군도 동쪽의 플로레스 섬에 독특한 미니 인간들이 살았다고 발표했다. 그에 따르면 플로레스 섬의 인류 호모 플로레시엔시스Homo floresiensis는 신장이 고작 1m 정도로 오늘날 세 살배기 아이 정도밖에 되지 않았으며, 두뇌 부피는 400cm³ 정도로 자몽 정도의 크기에 불과했다. 〈사이언스〉지는 플로레스의 이 작은 인류를 표지에 싣고, 화성의 물 흔적을 다룬 기사와 함께 2004년에 두 번째로 주목해야 할 학문적 발견이라고 치하했다.

한편, 일부 연구자들은 이들이 새로운 종의 인류가 아니라 질병으로 인해 난쟁이가 된 호모 사피엔스에 지나지 않는다고 주장했다. 소두증이라는 질병으로 말미암아 뇌가 작아졌다는 것이다. 하지만 이런 판단은 오류였다. 2005년 3월, 〈사이언스〉지에 플로레스 섬의 '호미니드 호빗'의 두뇌 부피에 대한 논문이 실렸다. 플로리다 주립 대학의 고신경학자 딘 팔크를 위시한 연구팀은 호모 플로레시엔시스의 견본 LB1이 병을 앓거나 난쟁이가 된 호모 사피엔스가 아니라는 의견을 개진했다.

몸집을 감안할 때 호모 플로레시엔시스의 뇌용량은

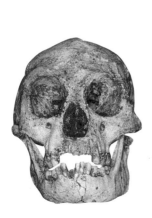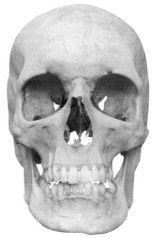

호모 플로레시엔시스와 현생 인류의 두개골 비교 사진

아프리카에서만 그 화석이 발견되었던 오스트랄로피테
쿠스와 비슷했다. 호모 플로레시엔시스의 뇌 구조는 190
만 년 전에 아프리카를 떠나 아시아로 이주했던 호모 에
렉투스를 상기시켰다. 딘 팔크는 앞서 언급한 논문에서
LB1의 인지 능력이 고도로 발달했음을 설파했다. 전뇌
와 관자놀이 부분의 형태가 이를 증명해준다는 것이다.
호모 플로레시엔시스는 작은 키와 조그만 뇌에도 불구하
고 호모 사피엔스와 다름없는 아주 능란한 사냥꾼이었다
는 게 그의 견해다.

　이런 발견이 가능했던 것은 컴퓨터 단층 촬영 덕분이
다. LB1의 두개골은 연구를 위해 내부를 라텍스로 본뜨고 그 본에 합성수지를 붓기에는 상태가 너무 취약했다. 그러나 컴퓨터 단층 촬영을 통해 두개골 내부를 시각적으로 재구성해볼 수는 있었다. 그 결과 정확히 417cm³의 부피를 가진 뇌가 측정되었다. 딘 팔크는 이것을 멸종한 오스트랄로피테쿠스와 호모 에렉투스의 뇌, 그리고 난쟁이가 되었거나 이상 소두증이 있는 현생 인류의 뇌와 비교했다. 딘 팔크는 "처음에는 이것이 병으로 사이즈가 줄어든 성인의 뇌나 침팬지의 뇌일 것이라고 생각했다"고 고백했다. 그러나 실제로 그것은 병으로 인해 변한 인간의 뇌도, 난쟁이의 뇌도 아니었다. 난쟁이들은 몸집은 작지만 뇌는 크다. 뇌가 이미 발달한 후에야 신체 성장이 중지되기 때문이다. 딘 팔크는 이제 "호모 플로레시엔시스는 분명 새로운 종의 호미니드!"라고 확신하고 있다.

플로레스 인간의 두뇌 크기는 3~4백만 년 이전에 루시와 함께 동아프리카에 거주했던 오스트랄로피테쿠스들을 상기시키지만, 구조에 있어서는 오히려 호모 에렉투스와 비슷한 면을 보였다. 현생 인류의 뇌 부피가 1,350cm³까지 불어난 시점에서야 비로소 인류의 문화가 태동했다는 게 지금까지의 견해였다. 그러나 통찰과 계획 등 복잡한 사고가 가능해 보이는 커다란 크기의 전뇌와 관자놀이의 구성으로 볼 때 이들 역시 호모 사피엔스와 비슷한 인지 능력을 갖추었을 것으로 추측된다.

해부학적 특징을 근거로 볼 때 이 작은 인류는 호모 사피엔스와 동시대에 생존했던 제2의 새로운 종이라 할 수 있다. 지금까지 고인류학자들은 네안데르탈인의 멸종 후, 오로지 현생 인류만이 홀로 지구에 거주해왔을 것이라고 생각했다. 하지만 인류의 속(genus)은 그 이후로도 다양한 모습의 하위 종들을 거느리고 있었고, 환경 적응능력과 신체구조적 관점에서 지금까지의 추측보다 훨씬 더 융통성이 있었던 것으로 밝혀졌다.

호모 플로레시엔시스라는 새로운 인류의 발견은 진화생물학자들이 호미니드 내의 친척 관계를 재구성하는 데 놀라운 가능성을 열어준다. 아시아와 호주 사이에 위치한 인도네시아 섬은 인류 확산의 결정적인 다리이자 '필터 존'이었을지도 모른다. 오래전에 발굴되었지만 최근에야 비로소 그 연대가 확실히 밝혀진 자바 섬의 호미니드 화석은 호모 에렉투스가 25,000년 전에도 인도네시아 섬에 거주했다는 사실을 증명해준다. 최소한 4만 년 전에 호모 사피엔스가 이 지역에 밀려 들어왔을지라도 말이다.

유럽의 학자들은 네안데르탈인의 흔적을 찾아 아프리카의 수많은 호미니드 발굴물에 큰 관심을 가져왔지만 인도네시아의 발굴물들에 대해선 늘 무관심했다. 그러나 인도네시아의 갈라진 섬(플로레스, 티모르)에서 발견된 이 호미니드 발굴물은 인류의 진화 역사에 가치 있는 조망을 선사할 수도 있다. 플로레스 섬과 티모르 섬은 지구 역사상 단 한 번도 다른 섬들이나 육지로 연결되지 않았다는 것이 밝혀졌기 때문이다. 원시 인류가 이런 섬에 거주하기 위해서는 바닷길을 건널 수 있는 항해 능력을 갖추고 있어야 했다. 플로레스 섬에 도착하려면 발리와 롬복 사이, 그리고 숨바와와 플로레스 사이의 두 개의 물길을 횡단해야 한다. 티모르를 거쳐 호주로 가는 길은 더 험난하다. 때문에 그런 과업은 호모 에렉투스가 아닌 호모 사피엔스만이 해낼 수 있는 것으로 여겨졌다.

지난 몇 십 년간 호주에서 이루어진 많은 발견들은 우리에게 여러 가지 사실을 시사한다. 그동안 우리는 다른 종의 인류가 지닌 인지적인 능력을 무시해왔다. 호모 에렉투스는 2백만 년 전부터 석기를 도구로 사용할 줄 알았고, 아프리카를 떠나 남동아시아에까지 자신의 흔적을 남겼다. 이들은 또한 플로레스 섬과 같이 외딴 섬에 이주하는 데 필요한 물길 교통수단을 건조할 수 있었던 것으로 추정된다.

플로레스 인간의 작은 뇌에 대한 연구는 그들이 도구를 만들고, 불을 사용하고, 커다랗고 위험한 노획물—당시 그곳에 살던 스테고돈 코끼리—을 사냥할 줄 알았음을 암시한다. 지금까지 그 지역에서 발굴된 도구나 다른 고고학적 증거들은 호모 사피엔스만이 그런 능력이 있었을 거라는 강박적인 가정 하에 언제나 자동적으로 현생 인류의 업적으로 치부되어 왔다. 플로레스 인간의 발견은 인류의 속(genus)만 늘려준 것이 아니다. 호모 플로레시엔시스는 키가 작고 뇌가 작았음에도 불구하고 돌로 도구를 만들고 대양을 횡단할 줄 알았던 노련한 사냥꾼이었을 것이다.

플로레스에서 호모 사피엔스와 호모 플로레시엔시스가 실제로 조우했었는지, 둘 사이에 무슨 일이 있었는지에 대해선 알 수 없다. 캠브리지 대학의 인류학자 폴 앤소니 멜라스는 플로레스가 진화 드라마의 현장이었을 것으로 추정한다. 그는 인도네시아로 들어온 호모 사피엔스가 네안데르탈인처럼 호모 플로레시엔시스와 전쟁을 했을 것이라고 믿는다. 앤소니 멜라스는 호모 사피엔스가 몸집이 작은 초기 인류들을 살육하고 심지어 잡아먹기까지 했을 것으로 추측한다. 어쩌면 호모 플로레시엔시스를 노예로 삼았을지도 모른다. 그런 생각이 우리 '지혜로운 인간들'의 장점을 부각시켜 주지는 못하지만.

왜 인류는 소젖에 집착하는 것일까?

"따뜻한 우유 한 잔 드세요." 누군가는 이 말을 듣고 꿀을 넣은 따끈한 우유 한 잔을 떠올리면서 따사로운 기억에 사로잡힐 것이다. 우유는 우리의 식생활에서 떼어낼 수 없는 주요 식음료 중 하나다. 누군가에게는 불투명한 지방과 물의 에멀션[24]에 불과한 것이 누군가에게는 삶의 영약이 된다. 낙농업자들은 전 세계적으로 일 년에 약 5억 톤 이상의 우유를 생산한다. 게다가 요구르트, 응유[25], 발효유, 치즈, 버터 같은 유제품들도 수두룩하다. 아주 많은 사람들이 이렇게 하얀 기적의 물질을 생산하고 판매하며 생계를 유지한다.

동남아시아에서는 물소젖이 식음료로 사용되고 유럽, 북아메리카, 호주, 뉴질랜드에서는 젖소의 젖을, 드물게는 염소젖과 낙타젖도 먹는다. 순전히 습관상의 이유로 우리는 소젖, 즉 우유를 가장 표준적인 젖으로 인식한다. 말젖이나 개젖을 먹겠다고 생각하는 사람은 아무도 없다.

젖은 원래 굉장히 한정적인 생산품이다. 인간 여성의 유선이 출산 후에만 모유를 생산하는 것처럼 다른 포유류의 젖도 모두 일종의 'start up' 식품이다. 신생아, 혹은 갓 태어난 새끼의 한시적인 영양 공급을 담당하며, 그 이상도 그 이하도 아니다. 그러나 인류는 오랜 기간의 인위적인 사육을 통해 젖소 한 마리당 우유 산출량을 폭발

24) 2개 이상의 액체가 서로 혼합되어 한 액체가 작은 방울 형태로 다른 액체에 골고루 분산되어 있는 액체 혼합물.

25) 우유를 응고시킬 때 형성되는 반고체 물질.

적으로 늘려 놓았다. 건강한 소는 보통 5년 동안 우유를 생산할 수 있지만, 젖을 짜내느라 혹사당했던 소는 대부분 3년이 지나면 젖이 말라버린다. 독일의 소 한 마리당 평균 우유 산출량은 지난 몇 십 년간 지속적으로 증가했다. 1950년에는 평균 산출량이 3,831리터였던 것이 1990년에는 5,908리터까지 늘어났다. 가히 우유의 개선 행진이라 할만하다.

젖의 원천은 유방 또는 유선이다. 유선의 존재는 포유류만의 특징으로, 포유류라는 명칭도 유선 덕분에 붙여진 것이다. 유선은 분비물을 생산하던 피부선이 특별하게 변형된 것으로 알려져 있다. 유선 없이는 젖도 없다. 이것이 바로 우리가 자연의 진화적 착상을 좀 더 가까이서 고찰하려는 이유다. 배 발생동안 유선은 배의 한정된 좁은 영역에서 형성되어 선 기관으로 분화된다. 원시적인 느낌을 주는 호주의 오리너구리와 가시두더지 같은 단공류들에게는 유선은 있되 젖꼭지가 없다. 단공류들은 어미의 유선 부분으로부터 직접 젖을 핥아먹는다. 유대류와 유태반류에 이르러서야 젖꼭지가 형성되었다. 젖꼭지는 특히 바다에 사는 고래와 해우류[26] 등 물 밑에서 젖을 빨아먹는 새끼들에게 큰 도움이 된다. 유대류도 그들만의 특성을 개발했다. 유대류에게는 젖꼭지 주위에 육아 주머니가 형성되어 있다. 새끼들이 육아 주머니 안에서 젖을 빨기 시작하면 어미의 젖꼭지는 새끼의 입

26) 젖빨이동물에 딸린 한 목. 해안가나 강어귀에 서식하는 바다짐승 무리로 바다표범, 바다사자 등이 여기에 속한다.

에 맞게끔 부풀어 오른다. 유대류 새끼는 이렇게 육아 주머니 속에서 몇 주 동안 젖꼭지에 달라붙어 영양을 공급받는다.

암컷 포유류들만 유선을 가지고 있다고 믿으면 착각이다. 수컷에도 유선이 있다. 단 퇴화된 상태로 존재한다. 암컷의 젖꼭지 수는 대부분 한 배에 낳는 새끼의 수와 관계가 있다. 수태 기간 중 그들에게서 호르몬의 영향으로 유선의 맥이 자라나서 가지치기를 한다. 그에 반해 젖먹일 필요가 없어 쉬고 있는 유선은 선들의 맥이 적다. 유두의 위치는 동물들마다 각기 다르다. 가령 유제류 동물과 고래의 유선은 서혜부[27]에 위치한다. 박쥐, 원숭이, 인간, 바다소, 코끼리 등의 유두는 가슴 부분에 위치하고, 강아지나 고양이와 같은 동물들은 몸통에 유두가 있다. 유두의 위치는 제각각이지만 각 동물의 새끼들은 어미의 유두를 어디서 찾아야 할지 정확히 알고 있다.

포유류들의 젖은 일종의 혼합액이라 할 수 있다. 젖은 —높은 비율을 차지하는 물 성분을 제외하면—지방, 카세인[28], 탄수화물로 구성된다. 동물의 특성에 따라 그 구성 비율도 제각각이다. 고래, 물개, 바다표범 등 기각류의 젖은 약 40%가 지방으로 구성되어 있고 단백질 성분도 11%나 된다. 그에 반해 우유는 84~90%가 수분으로 채워져 있고, 지방성분은 2.8~4.5% 사이를 왔다 갔다 하며—비율은 사료에 따라 달라진다. 지방 성분에는 비타

27) 하복부의 안쪽.

28) 동물의 젖을 구성하는 주요 단백질. 모든 필수 아미노산이 들어 있어 영양가가 높으며, 영양제·주사제·접착제·인조 섬유·수성 페인트 등의 원료로 쓰인다.

민 A와 D3와 같은 비타민이 녹아 있다―단백질 성분은 3.3~3.95% 정도다. 여기에 유당이 3~5.5%, 칼슘, 인산염, 칼륨 등 염분이 0.7~0.8% 정도 혼재되어 있다. 인간의 모유는 단백질 성분이 1.6%로 포유류의 젖 중에서 단백질 함량이 가장 적다. 우유는 모유에 비해 단백질 성분이 3~4배나 많고, 소화하기 힘든 카세인의 비율이 높다. 미네랄과 칼슘 성분도 5~7배 정도 더 함유되어 있다.

젖의 화학적 구성비가 동물마다 다르다면, 송아지를 위해 생산되는 우유를 우리가 섭취해도 되는 것일까? 어느 순간부터 지구의 포유류 중 오직 인간만이 유아기가 지나서까지 젖을 섭취하는 식습관을 가지게 되었다. 그것도 자신이 아닌 다른 동물의 젖, 즉 우유를 말이다. 어째서 그렇게 되었는지 아무도 정확히 알지 못한다. 하지만 낯선 종을 유모로 두는 이 특별한 '우유 강도짓'을 우리는 오랫동안 당연하게 여겼다.

최근 미국에서는 건강한 영양 섭취를 위한 선구자적 운동의 하나로 우유 반대론이 등장했다. 반대론자들은 우리 몸에 맞는 영양 섭취를 위해서라도 우유의 소비를 줄여야 한다고 말한다. 유아기가 지나서도 젖을 마시는 동물은 인간이―정확히는 특히 유럽 출신의 백인들이―유일하다는 게 그들의 논리다. 어떤 사람들은 인간이 앓고 있는 질병의 다수가 우유에서 기인한다고 주장하기도 한다. 장 산통, 장 출혈, 빈혈, 소아와 청소년의 알레르기

반응, 살모넬라 균과 바이러스 감염 등이 모두 우유와 유제품으로 인해 발생한다는 것이다. 우유 반대론자들은 성인에게서도 마찬가지로 거의 모든 것이—관절염, 알레르기에서 백혈병, 암까지—우유를 과다하게 섭취하는 것과 관계있다고 본다. 그 결과 미국에서는 우유를 마시지 않는 사람들이 조금씩 늘어나고 있다. 그들은 다른 동물의 젖을 섭취하는 게 윤리적으로나 건강상으로 좋지 않다고 생각한다.

우유는 그저 '소젖'일 뿐이다. 인간의 모유를 대치할 만한 젖은 어디에도 없다. 모유 수유는 엄마와 아이가 정서적 교감을 나누게 하는 것 이외에도 굉장한 생물학적 이점을 갖고 있다. 유아의 면역체계는 모유를 통해 형성되고 강화된다. 그밖에도 아기를 위해 준비되는 이런 특별한 영양은 유아기의 성장에 절대적이다. 신생아가 섭취하는 영양의 대부분은 두뇌의 신경세포가 형성되는 곳에 쓰인다. 모유는 우유에 부족한 뇌 구성성분을 다량으로 함유하고 있다. 학자들은 모유를 먹은 아이들이 우유를 먹은 아이들보다 지능이 높은 이유를 여기서 찾는다. 그러나 여러 연구에 따르면 모유의 특별한 성분 속에도 환경오염 물질이 포함되어 있다고 한다. 어머니가 먹은 음식을 통해 그 성분이 모유로 유입되고 아기에게까지 전달되기 때문이다.

우유에는 해로운 물질이 그보다 더 많이 포함되어 있

다. 젖소들은 우유의 산출량을 높이기 위해 인위적으로
가공된 사료를 먹는다. 질병 예방 차원에서 여러 가지 약
들도 함께 복용한다. 그 과정에서 투입된 항생제나 호르
몬제가 우유에도 녹아 있기 마련이다.

　가장 문제가 되는 것은 유당인 락토오스다. 락토오스
는 젖에 함유된 가장 중요한 탄수화물로, 모유에는 유당
이 5~7% 함유되어 있고 우유에는 약 5% 함유되어 있
다. 유아들은 유당을 갈락토오스와 포도당으로 분해하
는 데 필요한 효소를 가지고 태어난다. 락토오스는 화학
적으로 물에 녹기 힘든 이당류라서 혈액으로 전달되기
위해선 탄수화물을 분해하는 효소인 락타아제의 도움으
로 단당류인 갈락토오스와 글루코오스로 분해되어야 하
기 때문이다. 그러나 이런 효소 분비 능력은 유아기가 끝
나는 네 살에서 다섯 살 무렵부터 서서히 상실된다.

　우유 반대파들은 위의 사실을 들어 자연이 우리에게
뚜렷한 메시지를 보내고 있다고 주장한다. 유아기가 끝
나면 락토오스 분해 능력이 상실된다는 사실이야말로 본
래의 아기들만 젖을 먹어야 하는 명백한 이유라는 것이
다. 실제로 세계 인구의 반 정도는 유당분해효소결핍증[29]
을 앓고 있다. 이들은 유아기가 끝난 후 추가적인 효소
없이는 더 이상 유당을 분해하지 못한다. 아프리카 출신
의 흑인들은 유아기가 끝나면서 그 능력을 상실하는데
왜 하필 유럽 출신의 백인들만 어릴 적의 유당분해 능력

29) 우유 속의 유당을
분해하여 포도당과
갈락토오스로 만드는
분해 효소가 모자라서
생기는 증상.
우유를 마시면 설사를
하게 된다.

을 유지하는가하는 문제도 진화생물학자들의 수수께끼다. 아마도 진화과정에서 일생 동안 유당분해효소를 갖도록 적응한 것일까?

진화론적으로 보았을 때, 백인종의 탄생은 비교적 후대에 이루어진 현상이라는 게 인류학자들의 견해다. 흰 피부의 인류가 등장한 것은 몇 만 년이 채 안 된 일일지도 모른다. 여하튼 그것은 지난 10만 년 동안 호모사피엔스가 아프리카로부터 이주하여 더 춥고, 햇빛이 그리 강하지 않은, 위도가 더 높은 지역에 거주하게 된 것과 관계가 있을 것이다. 햇빛이 부족한 지방에서는 창백하고 색소 침착이 별로 없는 흰 피부가 생존에 더 유리하다. 흰 피부는 뼈의 석회질을 형성하는 데 필수적인 비타민 D의 생산을 더 용이하게 만들어주기 때문이다. 비타민 D가 형성되기 위해서는 가능한 한 많은 피부가 햇빛에 노출되어야 한다. 빙하기의 유럽 북부에서, 더구나 가죽옷을 입고 다니는 상황에서 이것은 거의 불가능했다. 따라서 창백하고 색소 침착이 별로 없는 피부로 비타민 D 합성을 위한 더 많은 빛을 받아들일 수 있는 사람은 피부가 검은 이웃보다 겨울을 나기가 훨씬 더 유리했을 것이다. 진화는 몇 백 세대 지나지 않는 짧은 세월 만에 이런 방식으로 밝은 피부를 생성시켰다.

그러나 그것이 젖과 무슨 관계가 있을까? 아마도 추운 겨울 다른 영양원이 부족한 상태에서 소젖으로 칼슘을 보충할 수 있는 사람은 생존하기가 유리했을 것이다. 우유를 소화시킬 수 있는 한 말이다. 오늘날의 백인들이 유아기가 끝나도 락토오스를 분해하는 특별한 능력을 유지하는 것은 아마도 이 때문으로 보인다. 코카서스인들, 즉 유럽적 혈통을 가진 백인들 중에는 20~40%만이 유당분해효소결핍증을 지니고 있다. 그에 반해 옛날 노예 매매로 아프리카에서 건너온 검은 피부의 미국인들은 유당분해효소결핍증 비율이 90%에 달했다. 아시아인들의 유당분해효소결핍증 비율은 그 중간이며, 미국의 원주민은 유아기 이후 우유를 거의 소화시키지 못한다. 이런 사람들은 우유 섭취 후 설사, 장 경련, 그 외 소화 장애를 겪게 된다. 약 5천만의 미국인들이 그런 증상을 겪는다.

옛날, 많은 사람들에게 유아기 이후에도 부가적인 영양을 섭취할 수 있도록 해주었던 것은 락토오스 분해라는 놀라운 능력이었다. 동물학자들은 성장이 다 마무리된 뒤에도 배아기나 성장과정에 갖고 있던 특성과 특질들을 유지하는 예외적인 현상에 대해 독특한 전문용어를 붙였다. 그리하여 도롱뇽이 성적으로 성숙했음에도 아가미와 지느러미 등 양서류 애벌레적 특징들을 그대로 유지하고 있는 경우를 일컬어 유형성숙(Neoteny)이라고 말한다. 응용동물학에서 볼 때, 우유를 소비하는 것이 바로 그 경우다.

앞으로는 커피에 우유를 탈 때나 콘플레이크에 우유

를 부을 때도 가끔씩 자연의 이런 법칙들을 기억하도록
하자. 우유는 피곤한 사람에게 생기를 줄뿐 아니라 인간
이 진화론적으로 도약하는 데도 분명 도움을 주었다.

증명되지 않은 신화, 카니발리즘

12세기 미국 중서부, 오늘날의 콜로라도 주에 속한 푸에 블로는 번성하는 마을이었다. 그러나 마을 주변에서 식인의 흔적을 말해주는 뼈들이 발굴된 뒤로는 어느 날 갑자기 유령의 도시가 되었다. 이 뼈들은 인간이 벌인 광란의 식인 축제에 대한 말없는 증인이다. 번성했던 마을은 끔찍한 사건의 현장으로 치환되었다. 여남은 개의 인간 뼈들은 신체를 칼로 절단하여 요리하고 구웠음을 보여주는 여러 가지 흔적을 지니고 있었다.

많은 연구자들은 일부 증거들만 가지고 실제로 식인 행위가 있었다고 보기엔 무리라고 주장한다. 그러나 덴버 소재 콜로라도 대학 의학부의 리처드 말러를 위시한 인류학자 팀은 최근 푸에블로에서 자행되었던 인간들의 식인 행위를 증명할 만한 중요한 암시들을 발견했다. 말러는 고고학적으로 발굴이 된 요리 도구와 인간의 배설물을 생화학적으로 분석한 결과 거기서 미오글로빈의 흔적을 확인했다고 발표했다. 미오글로빈은 인간의 심장근과 골격근에만 존재하는 단백질이다. 연구자들은 인간의 항체에 근거한 특수 미오글로빈 반응을 통해 푸에블로의 냄비에서 미오글로빈의 흔적을 확인하는 데 성공했다. 이로써 거주자들이 마을을 떠나기 전에 인간의 신체를 요리해 먹었을 거라는 추측이 신빙성을 갖게 되었다.

반대론자들은 그들이 인간의 살을 요리했다고 해도 그것이 동료를 먹었다는 증거가 될 수 없다며 이의를 제기했다. 그에 더하여 말러 팀은 요리를 했던 불의 재에서 타지 않은 채로 남아 있던 인간의 배설물을 발견했다. 불이 꺼진 후 재 위에 배설했던 것이 분명했다. 배설물 안에서 식물적인 잔여분은 검출되지 않은 대신 미오글로빈이 검출되었다. 리처드 말러는 "따라서 대변을 배설한 사람이 인간의 살코기를 먹었다는 것을 알 수 있다"고 결론을 내린다. 인간의 대변을 고고학적 증명에 활용하는 것은 드문 일이 아니다. 앞서 말한 푸에블로의 발굴지에서는 12세기의 배설물이 그 외에도 20개 이상 더 발견되었는데, 그중에서는 미오글로빈이 검출되지 않았다. 또한 29명의 건강한 현대인의 배설물과 장출혈 환자 10명의 배설물에서도 미오글로빈이 검출되지 않았다. 이용된 항체 테스트는 특별히 인간의 미오글로빈에만 반응하고 혈액 단백질인 헤모글로빈에는 반응하지 않는 것이었다. 그러므로 미오글로빈은 식인 행위 외의 방법으로는 체내에 도달하기 극히 힘든 것으로 보인다.

과거에 인류학자들은 여러 개의 발굴지와 원시 부족들에게서 인간의 식인 행위를 암시하는 다양한 증거들을 반복적으로 발견해왔다. 푸에블로 마을에서 발견한 흔적들은 새로운 발견은 인간이 극단적인 상황에서만 다른 인간들을 먹은 것이 아니라는 것을 확실하게 보여준다.

피에 굶주린 식인종들의 이야기는 세계 문학의 여러 장면과 À.Al.스티븐슨의 모험소설 등에서 어렵지 않게 찾아볼 수 있다. 식인 행위는 인간의 악한 면에 대한 문화사적 고찰 대상이자, 인간 문화사의 모순적인 주제였다. 로스엔젤레스 소재 캘리포니아 대학(UCLA)의 저명한 진화생물학자 제레드 다이아먼드는 식인 행위 명제를 좋아하지 않는 학자들이 식인의 증거들을 고집스럽게 부인해 오고 있다며 당황스러워 한다. 그들은 카니발리즘이 그저 전쟁으로 인해 극단적으로 굶주린 상황이나 특정 의식에서와 같은 예외적인 상황에만 국한될 뿐이라고 주장한다. 몇몇 학자들은 그런 잔인한 살인 행위가 있었다는 것을 의심하지 않는다. 하지만 그들도 이것이 인간의 일상적인 식습관이었다는 사실만큼은 부인한다.

다이아먼드는 1965년 뉴기니 현장 연구에서 그곳 부족들의 식인적 관습을 목격한 바 있다. 다이아먼드의 안내인이었던 토착민 중 하나가 사위의 상을 당하게 됐는데, 사위의 시체를 마을 공동체가 함께 먹는 일종의 식인적인 '장례의식'에 참여하기 위해 마을로 돌아가야 했던 것이다. 생물학자들은 다른 동물계에서는 동족 호식 행위가 흔한데 왜 인간만 이런 영양의 원천을 활용하지 않았겠느냐고 자문한다.

최근에 고인류학자들은 네안데르탈인에게서도 식인 행위가 있었다는 뚜렷한 암시를 발견했다. 모든 네안데르탈인이 식인종은 아니었겠지만, 프랑스의 물라 괴르시 Moula Guercy 동굴에서 발견된 약 10만 년 된 뼈대에 대한 세부적인 연구는 최소한 몇몇의 식인종이 존재했음을 증명한다. 그들은 론 계곡의 동굴에서 동족들을 물품처럼 취급하고는 동족의 뼈를 노획한 야생동물들의 뼈와 함께 동굴에 아무렇게나 남겨 놓았다. 인간의 뼈에 돌칼로 잘린 자국과 긁힌 흔적이 있는 것으로 보아 인간에 대한 도살 행위가 실제로 있었던 듯하다. 네안데르탈인들은 단백질이 풍부한 골수를 얻기 위해 살과 근육, 힘줄 등을 뼈에서 분리하고, 공동이 있는 긴 뼈들은 박살내었을지도 모른다. 팀 화이트와 알반 드플로어를 위시한 연구자들은 네안데르탈인과 그들 조상의 경우 현생 인류보다 식인 행위가 더 잦았던 것으로 추측했다. 하지만 비판자들은 이런 발굴물들을 꼭 식인 행위와 연관 지을 필요는 없다고 본다. 그들은 오히려 그 뼈들이 특정한 매장의식을 보여주는 것이 아닌가 생각한다. 네안데르탈인이 시체를 매장하면서 뼈를 살로부터 조심스레 분리했고 그 과정에서 잘리고 긁힌 자국이 생겨났다고 추측하는 것이다.

어쨌든 콜로라도의 식인 흔적에 대한 최근의 연구는 인간의 식인 행위에 대한 의심을 제거하는 데 기여할 듯하다. 제레드 다이아먼드는 인간을 먹는 행위가 아주 널리 퍼져 있던 현상이라고 확신한다. 태평양 지역의 원시 부족 사회에서 찾아볼 수 있는 많은 암시들은 최소한 몇

몇 인간 사회에서 식인 행위가 아주 성행했다는 것을 보여주기 때문이다. 그에 반해 인간의 선한 면에만 주목하고자 하는 서구 사회의 문화학자들은 식인 행위에 대한 이야기만 나와도 구역질을 할뿐만 아니라, 인간 행동의 이런 측면을 보여주는 증거들이 점점 증가하고 있음에도 억지로 이를 외면하고 있다.

최적화된 번식 전략, 월경

여성의 신체에서는 매달 생리 때마다 아까운 피와 영양분이 동원되어 만들어진 자궁내막이 떨어져 나간다. 자궁내막은 수정란의 착상을 위해 여러 가지 호르몬의 상호작용 하에 형성된 것으로, 수정이 이루어지지 않으면 떨어져 나오고 다음 번 주기에 새롭게 생성된다. 이렇게 자궁내막의 생성과 해체가 주기적으로 반복되는 것은 불필요한 자원 낭비가 아닐까. 왜 자궁내막은 소모적인 생성을 거듭하는 것일까.

오랫동안 어떤 생물학자도 월경의 진화적인 의미에 공식적인 의문을 제기하지 않았다는 것은 의아한 일이다. 1993년, 마기 프로펫이라는 이름의 생물학자가 최초로 여기에 의문을 제기했다. 그녀는 월경이 여성의 생식기를 여러 가지 감염으로부터 효율적으로 보호해줄지도 모른다고 가정했다. 월경을 통해 정액 세포와 함께 생식기 깊숙이 들어왔던 병원성 박테리아와 바이러스로부터 자궁과 난관이 보호를 받는다는 것이다. 즉, 규칙적으로 감염된 자궁 조직을 제거함으로써 남성에 의해 전달된 병인의 싹을 다시 제거한다는 것이 마기 프로펫의 주장이다. 인간은 다른 영장류에 비해 성생활이 잦아서 병원균의 감염 위험에 많이 노출되어 있다. 마기 프로펫은 인간이 다른 포유류에 비해 생리양이 많은 것도 그 때문이라고 설명한다.

최근 미시간 대학의 인류학자 비벌리 스트라스만은 프로펫이 제시한 이 가설의 타당성 여부를 입증하고자 했으나 실패했다. 병원균이 여성의 생식기를 괴롭히는 것은 생리 전이나 후나 다를 바 없었고, 월경의 '살균' 효과도 직접 확인할 수 없었다. 또한 프로펫의 가설과는 달리 감염의 위험이 있거나 정액 세포의 양(잠재적인 병원성의 싹)이 증가했을 때도 생리량이 증가하지는 않았다. 뿐만 아니라 철, 아미노산, 당, 단백질이 풍부한 생리혈은 오히려 박테리아의 성장을 촉진하는 것으로 나타났다. 혈액의 림프액이 오히려 세포배양을 매개하는 것이다. 따라서 생리가 감염을 방해하는 게 아니라 감염을 더 촉진시킬 수 있다.

비벌리 스트라스만은 신진대사의 경제성을 전면으로 끌어낸 선택적인 가설을 제시한다. 스트라스만은 자궁내막이 떨어져 나가는 동시에 흡수된다고 믿는다. 스트라스만의 가설에 따르면 자궁내막이 수정란의 착상 시점까지 대기 상태를 계속적으로 유지하는 것보다 28일 주기로 형성과 해체를 반복하는 것이 에너지가 덜 든다. 스트라스만은 수정란이 착상되지 않아 퇴화하는 동안 자궁내막의 산소 소모량이 7배 정도 감소한다는 점을 지적한다. 순환적인 산소 소모는 월경 중에 진행되는 다른 신진대사 과정과 연결된다. 여성의 몸에서 여포가 난자와 함께 성숙하는 동안의 신진대사율은 여포가 황체로 변하고 자궁내막이 수정란을 받아들일 준비를 갖추는 분비기에 비해 최소 7%가 낮았다. 비벌리 스트라스만은 4번의 생리주기를 거치면서 절약되는 에너지의 양이 6일치의 영양분과 맞먹는다고 설명했다.

이렇듯 주기적인 상승과 하강을 통해 여성의 번식 비용이 절약된다는 것이다. 수렵으로 생계를 유지했던 조상들에게 월경을 통해 체내 자원을 절약하고, 신진대사에 소모되는 에너지를 줄이는 것은 여성의 진화적 적응에 매우 고무적인 일이었다. 태곳적 여성의 생존과 임신은 먹을거리를 조달할 수 있느냐 없느냐에 따라 좌우되었기 때문이다.

스트라스만은 인간 여성에 관한 자료들을 모으고 유인원과 다른 영장류의 재생산 주기를 비교해 자신의 이론을 계속 확장시켰다. 스트라스만은 에너지를 절약하는 월경주기가 옛 영장류의 유산이라고 추측한다. 다른 척추동물들—도마뱀까지도—도 그와 비슷한 주기적인 상피 변화를 보여준다. 수정란의 부재시 자궁내막이 퇴화하는 것이다. 영장류의 경우에는 수정란을 받아들이기 위해 구성된 차별 조직이 다시 퇴화되면서 자궁내막의 해체가 대부분 상피 흡수와 함께 이루어지지만, 몇몇 원숭이의 경우는 이 자궁내막 조직의 1/3이 월경으로 배출된다. 스트라스만은 이것이 환경 또는 다른 것과 관련된 적응과정의 일부라는 암시를 찾아내지 못했다. 자궁 상피의 출혈은 에너지 절약 차원에서 주기적으로 이루어지는 상피 흡수가 불완전한 데 따른 부수적인 효과인 것으로 보인다.

다른 영장류 암컷과 비교할 때 인간 여성들은 자궁도 크고, 자궁 상피도 풍부하게 발달되어 있다. 이런 대규모 자궁 조직과 그로부터 순환되는 많은 양의 혈액이 월경 주기 동안에 완전히 흡수될 수 없기 때문에 월경혈이 특히 많아지는 듯하다. 침팬지의 경우에도 마찬가지다. 그에 반해 다른 대부분의 포유류들은 피가 외부로 유출되지 않고 자궁 상피에 흡수된다. 그러므로 여성의 다른 번식 메커니즘과 마찬가지로 월경 역시—여성들에게는 조금 위로가 될지도 모르겠지만—영장류가 남긴 생물학적 유산이라 할 수 있다.

인간의 재생산 형태는 문명의 발달과 함께 변화를 거듭해왔다. 수렵 사회의 여성과 비교하여 오늘날 여성이 경험하는 일생 동안의 월경 횟수는 급격하게 증가했다. 수렵 사회의 여성은 초경을 늦게 시작하고 일찍 폐경에 들어갔을 것이다. 또 많은 시간을 임신해 있거나 아기에게 젖을 주는 데 소모했을 것이다. 여성의 월경은 원래는 그리 흔하거나 규칙적으로 일어나는 일이 아니었다. 이렇게 보면 월경이 병원성의 싹을 없애는 데 기여한다는 마기 프로펫의 명제는 아예 설 자리를 잃는다.

의학자이자 진화이론가인 란돌프 네세와 조지 윌리엄스는 석기 시대의 여성의 경우 30년에 이르는 가임기의 절반을 새끼에게 젖을 먹이는 데 소모했고 그래서 일생 동안의 월경 횟수가 150번을 넘지 않았을 것이라고 계산했다. 이는 비벌리 스트라스만이 일전에 아프리카 말리의 도곤 수렵 사회에서 진행했던 연구를 토대로 산정한 것이었다. 이들은 『우리는 왜 병이 드는가』라는 저서에서 월경을 더 많이 경험한 여성일수록 생식기 관련 암에 걸릴 확률이 높다고 설명했다. 현대 여성의 경우 임신 횟수가 적고 젖도 먹이지 않음으로써 300번 내지는 400번의 생리주기를 겪게 되는데 이와 연관된 호르몬의 상승과 하강, 그리고 조직의 변화가 특정한 암에 취약할 수 있다는 것이다.

이처럼 진화는 어디에나 함께한다. 제 아무리 똑똑한 체 해도 인간은 여전히 자연을 어머니로 둔 어린아이일 뿐이다.

폐경도 진화의 산물!?

찰스 다윈이 제시한 진화론에 따르면 자연은 개체의 생존과 번식에 도움이 되는 것만을 장려한다. 이런 토대 위에서 1970년대 자신의 유전자를 전수하는 것에 진화적 초점을 맞춘 사회생물학 이론이 전개되었고, 생물학에도 '경제 비용'과 '이익'의 개념이 유입되었다. 생물학자들은 이에 근거해 새로운 질문을 제기했다. 몇몇 포유류의 임신 능력이 나이가 들면서 갑자기 사라지는 이유는 무엇일까? 특히 호모 사피엔스 인간 여성은 어찌하여 번식 능력을 상실한 후에도 그렇게 오래도록 삶을 유지하는 것일까?

나이가 들면 임신할 능력이 없어지는 것은 몇몇 다른 포유류들—원숭이, 설치류, 고래, 강아지 코끼리—도 마찬가지다. 그러나 이들 포유류 암컷들은 번식 능력을 상실한 후에 오래지 않아 죽음에 이른다. 인간 여성은 폐경 후에도 40년을 넘게 생존할 수 있는 유일한 종이다. 왜 여성은 번식 능력을 상실한 후에도 오랫동안 생존을 유지할 수 있는 것일까?

오랫동안 관심을 끌지 못했던 '폐경'에 관한 문제는 이런 의문과 함께 돌연 생물학의 수수께끼로 떠올랐다. 진화생물학자들, 무엇보다 의학자들과 고인류학자들은 인간 여성에게만 나타나는 이 번식생물학적 특성에 천착했다. 처음에 학자들은 여성의 폐경을 인류의 문화 발달 덕분에 가능한 인위적 현상으로 여겼다. 때문에 인간의 폐경도 본질적으로는 죽을 때가 가까워서야 임신능력을 상실하는 다른 동물과 같은 것으로 보았다. 이들은 다른 신체적 능력과 비슷하게 임신 능력도 나이가 들면서 서서히 감퇴하는 것이며, 여성의 경우에는 의학의 발달로 인해 그들의 자연적인 재생산기를 훨씬 뛰어넘어 살 수 있는 것이라고 생각했다.

그러나 이런 '비적응적' 가설—폐경이 적응과는 상관없는 부산물이라는—은 몇몇 질문에 대답할 수 없었다. 남자의 번식 능력은 나이가 들어감에 따라 서서히 감퇴하는 데 반해 왜 여성의 폐경은 50살경에 급작스럽게 찾아오는가, 여성의 폐경이 수명에 비해 상대적으로 일찍 찾아오는 이유는 무엇인가 하는 의문들 말이다. 인간의 최대 기대 수명(약 115년)은 몇 백 년 전부터 변하지 않았다. 다만 아동 사망률이 감소함에 따라 평균 수명이 높아졌을 뿐이다. 마찬가지로, 모든 여자들의 수명이 예전보다 더 길어진 것은 아니다. 폐경을 경험하는 여성들의 수가 더 많아졌을 뿐이다.

최근 유타 대학의 인류학자 크리스텐 호크스와 제임스 오코넬이 할머니들의 명예회복을 위해 나섰다. 그들에 의하면, 폐경의 의미란 할머니들이 더 이상 자식을 낳는 일에 에너지를 쏟지 않고 손자들을 양육하는 데 자신을 투자하는 데 있다. 손자들에게 충분한 식량을 공급할 목적으로 폐경이 진행된다는 뜻이다. 즉 손자들이 먹을 것을 충분히 확보하도록 도와주기 위해 폐경 후에도 삶을 유지한다는 논리다.

할머니의 진화생물학적 생존권에 대한 이런 해석은 아직까지 수렵 생활을 유지하고 있는 탄자니아 북쪽 하드자 원시 마을에 대한 연구에서 비롯되었다. 크리스텐 호크스가 자연인류학Physical Anthropology 학회에서 발표한 바에 따르면 하드자의 할머니들은 딸들을 대신해 손자들의 먹을거리를 챙겨줌으로써 딸들의 모유 수유시간을 단축시켜 주었다. 할머니의 도움을 받고 모유 수유 시간을 줄일 수 있게 된 딸들은 예전보다 더 많은 아이들을 낳을 수 있었다. 진화적 측면에서 볼 때 식량 확보를 통해 자식과 손자의 생존 기회를 높이는 것은 할머니에게도 아주 중요하다. 이런 방식으로 할머니들은 자식과 1/2을, 손자들과는 1/4을 공유하는 자신의 유전자를 더 많이 전수할 수 있다.

호크스의 '할머니 가설'에 따르면 자식을 돌보지 않아도 되는 할머니들만이 손자들의 먹을거리를 사냥하고 공급할 수 있었다. 딸들을 위한 할머니의 양육 도우미 역할은 굉장한 유익을 가져다 주었다. 호크스는 이런 유익이 폐경 여성들의 생존을 연장시켰다고 본다. 유익을 취하는 쪽으로 진화가 진행되었다는 것이다.

하드자 연구에 따르면 아이들의 체중 증가는 엄마들이 식량을 찾는 데 보내는 시간과 비례한다. 그러나 아기를 출산한 엄마들은 이미 젖을 뗀 아이들을 위해 식량을 찾을 여유가 없다. 할머니들은 이때 딸을 대신해 손자들에게 식량을 공급해줌으로써 도움을 준다.

호크스 가설이 흥미로운 것은 가족 공동체의 식량 공급이 남자들에게만 달려 있었던 게 아니라는 점이다. 학자들의 견해에 따르면, 인간 사회의 가족 공동체는 남자가 여자와 아이들을 위해 식량 공급을 책임지면서 이루어지는 것이었다. 인간은 다른 동물과는 달리, 젖을 뗀 뒤에도 가족 공동체에 의지해 식량을 수급 받아야 한다. 남자들의 사냥거리로는 가족 공동체를 유지하는 데 어려움이 많을 수밖에 없다.

따라서 인간들의 가족 공동체는 할머니들이 공급하는 규칙적인 부수입이 전제되어야 했을 것이다. 따라서 이제 우리는 할머니들에게 찬사를 보내야 하는지도 모른다. 호크스의 새로운 가설로 인해 고인류학자들의 시선은 남자들 뿐 아니라, 오랫동안 그 위치를 무시당했던 할머니들에게 향할지도 모르겠다.

미네소타 대학의 포유류학자 크레이그 패커는 호크스의 '할머니 가설'에 동의하지 않았다. 패커에 따르면 포유류의 폐경은 그저 노화의 부산물일 뿐으로 진화적 적응과는 상관이 없다는 것이다. 그는 파비안원숭이와 사자들을 중심으로 30년 넘게 모아온 데이터들을 토대로 할머니 가설에 반하는 새로운 의견을 내놓았다. 원숭이든 사자든 모든 어미들은 폐경 직전에 낳았던 막내를 끝까지 돌봐주기 위해 폐경 후에도 삶을 지속한다. 패커 팀은 늙은 파비안원숭이나 사자가 폐경기에 접어든 딸들을 돕는 모습을 아직 확인하지 못했다. 이들은 인간 사회의 '좋은 할머니 효과' 없이 살아갔다.

다른 행동학자들은 폐경이 적응과는 전혀 상관없는 노화의 결과일 뿐이라는 패커의 명제에 완전히 동의하지 않는다. 그들은 오히려 폐경이 생존에 유리한 적응이라고 믿고 있다. 인간 여성의 배란이 50세경에 갑작스럽게 중단되는 것은 '좋은 할머니 효과'까지는 가지 않더라도, 최소한 막내가 장성할 때까지 돌봐줄 수는 있기 때문이라고 본다. 즉, 막내가 홀로 설 능력을 갖게 될 때까지 최소 10년 정도는 더 생존할 수 있게 환경적인 적응을 해온 결과라는 것이다. 이는 새끼들의 본능적인 '어미 의존성'이 폐경을 유도했다는 말이 된다. 폐경이 진화적 적응에 의해 탄생한 것이기는 하지만 '할머니의 명예 구하기'에는 적합하지 않다. 크리스텐 호크스는 어쨌든 '할머니 가설'로 폐경에 대한 계속적인 연구를 자극한 셈이다. 언젠가는 폐경을 둘러싼 수수께끼가 밝혀질지도 모른다.

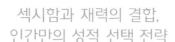

섹시함과 재력의 결합, 인간만의 성적 선택 전략

그는 첫눈에 사랑을 느꼈다. 여자의 늘씬한 자태와 볼륨 있는 몸매가 그의 눈길을 사로잡았다. 그녀가 커다랗고 맑은 눈으로 그를 쳐다보았다. 큰 키에 넓은 어깨가 듬직해 보이는 남자였다. 그가 그녀의 곁을 스치며 말을 걸어왔다. 그녀는 시선을 반쯤 내리 깔았다. 대화를 나누는 동안—나중에 그들은 서로 무슨 대화를 나누었는지 기억하지 못했다—그는 그녀의 티 없이 깨끗한 피부와 건강한 혈색에 감탄했다. 그녀는 그의 말에 고개를 주억거리며 풍성한 머리칼을 뒤로 쓸어 넘겼고, 그러는 와중에 그는 그녀의 얼굴과 목을 흘깃흘깃 훔쳐보았다. 그녀가 그의 눈길을 느끼고 그가 그녀의 눈길을 견뎌냈을 때, 둘은 그날 밤이 어떻게 흘러갈지 예감할 수 있었다.

남자들이 사냥에서 전쟁 출정에 이르기까지 영웅적인 행위로 여성의 환심을 사고자 노력했던 시대는 오래전에 지나갔다. 현대적인 의미의 사냥은 클럽에서 이루어지며, 전쟁은 스포츠 경기장으로 무대를 옮겼다. 진화생물학자들에 따르면 성적 파트너 혹은 결혼 파트너들은 공동의 관심사와 상반된 관심사를 함께 가지고 있는 것으로 드러났다.

줄기세포와 게놈 연구의 시대에 생물학은 또 하나의,

인간 생활의 가장 은밀한 영역까지 파고들었다. 근래의 사회생물학자들은 인간의 성적 행동에 중점을 두고 인간의 행동이 문화적 규범이나 가치보다는 유전자에 의해 조종된다고 보고 있다. 일군의 젊은 진화심리학자들은 인간 행동의 세세한 부분을 분석해 인간관계의 생물학적 배경을 밝히고자 애쓰고 있다. 이들은 특히 사람들을 결혼으로 몰고 가고 다시금 그 굴레에서 나오게 하는 감정, 생각, 모티브, 메커니즘들을 진화심리학적으로 설명하고자 한다. 이들에 따르면 모든 인간은 서로 사랑에 빠지게끔 구조화되어 있다. 그러나 모든 인간이 그 사랑을 평생 유지하는 것은 아니다. 1871년 찰스 다윈은 동물에게 적용되는 '성적 선택'의 이론이 인간에게도 그대로 적용된다고 설파했다. 오늘날 현대의 진화생물학자들은 다윈의 견해에 기대 남성을 '여성에 의해 행해지는 특별한 선택 실험의 대상'으로 묘사한다. 그리고 동물과 인간을 대상으로 한 많은 관찰을 토대로 여성의 성적 선택과 실제를 설명하고자 한다.

그에 따르면 인간의 경우, 남성과 여성은 서로 모순적인 관심사를 가지고 있지만 유전적인 손익계산에 따라 서로 연합해 파트너가 된다. 학자들의 견해에 따르면 남성은 한 명 이상의 여성과 가능하면 많은 후손을 낳고 싶어 한다. 그리고 여성은 파트너를 되도록 신중하게 선택하고, 후손을 부양하고 키우는 데 도움을 받을 수 있도록 파트너와 가급적 밀착 관계를 유지하고자 한다. 행동연구가 제임스 L. 굴드에 따르면 인간이나 동물이나 마찬가지로 이성 간의 관계는 마치 은행가, 경제학자, 부동산 투자가, 광고 전문가들로 이루어진 노련한 팀에 의해 설계된 것처럼 오묘하다. 파트너 선택 전략 및 결정에 있어서는 제 아무리 인간이라 해도 자연을 뛰어넘기가 쉽지 않다. 이성 간의 다툼과 관계의 고통이 내면을 지배하게 되고, 이런 갈등 속에서 양 쪽의 은밀한 무기가 투입된다. 그리고 여기서 우리가 인지하지 못하는 생물학적 법칙이 파트너 관계를 지배한다.

인간관계는 늘 속임과 성실 사이를 배회한다. 설령 남자와 여자가 파트너 관계에서 전혀 다른 목표를 추구한다 해도 하나의 존재는 다른 하나의 존재 없이 살아갈 수 없다. 이들은 번식에 대한 관점도 서로 다르다. 그런데도 왜 이 두 사람은 장기적인 결합을 추구하는 것일까? 남자들은 왜 여자들이 추구하는 것으로 자신을 과시하고, 반대로 여자들은 왜 남자들이 끌리는 것을 제공하는 것일까? 이런 행동들이 어떻게 파트너 선택의 성공 원칙이 될 수 있을까?

비교행동학자 칼 그람머는 남녀의 숙명적 사랑은 당사자들이 전혀 예감하지 못하는 순간에 이미 시작된다고 말한다. 그는 남자와 여자가 만난 지 5초만에—즉 그 유명한 첫눈에—상대방의 재생산 잠재력에 대한 정보를 구축한다는 것을 알아냈다. 아주 짧은 시간에 상대방 신체의 '뜨거운' 부분이 자동적으로 점검되는 것이다. 아이 뷰 모니터Eye view Moniter로 관찰한 결과 남자와 여자 모두 옷과는 무관하게 본질적인 정보를 제공하는 상대방의 신체 부분을 '탐색하는 것'이 확인되었다. 남자들은 대개 여성 신체의 중간 내지 아래 부분을 쳐다보며 여자들은 주로 남자들의 윗부분을 쳐다본다. 여자는 시선의 접촉을 추구하고 남자는 여성의 몸매를 탐색하는 것이다. 그리고 보이는 것이 추구하는 것과 일치하면 접근이 이루어진다.

일의 진행을 결정하는 것은 여성이다. 세계는 암컷들의 선택에 의해 흘러간다. 동물들뿐만 아니라 인간들도 마찬가지다. 여자들은 아주 미묘한 방식으로 그들의 선택권을 주장한다. 성적 선택에 대한 생물학적 사실들과 연구자들의 객관적인 발견들은 당사자들의 주관적인 인상과 일치하지 않는다. 설문 조사를 하면 여자들은 예나 지금이나 남자가 주도권을 잡을 때까지 기다린다고 말을 한다. 그러나 칼 그람머의 연구에 의하면 여자들이 구애 행동의 주도권을 쥐는 게 확실하다. 대다수의 남자들은 여성의 신호가 없이는 접근을 하지 못한다.

그람머는 서로 전혀 알지 못하는 고등학생들을 대상으로 적당한 구실을 대고 남학생 한 명, 여학생 한 명씩 짝을 지어 단 둘이만 방에 들여보낸 후, 안에서는 보이지 않고 밖에서만 보이는 창을 통해 이들의 행동을 몰래 카메라로 관찰했다. 이 실험에서도 구애 행동은 여성에 의해 조절되는 것으로 드러났다. 여학생들은 시선 접촉과 얇은 미소, 보디랭귀지 등으로 사태의 추이를 결정했다. 그들은 낯선 남학생들의 계속적인 접근을 부추기거나 차단했다. 여학생들은 그런 식의 비언어적인 관심 표명을 통해 남학생들의 행동에 영향을 끼쳤다.

그람머는 반대로, 남자들에게 자기 묘사 경향이 있다는 것을 확인했다. 남자들은 여자가 자신의 이야기에 고개를 많이 끄덕일수록 더 많은 말을 하고자 했으며, 여자에 대한 관심이 클수록 자신에 대해 더 많은 이야기를 하려 했다. 공작만이 화려한 날개로 암컷에게 좋은 인상을 주려고 하는 것이 아니다. 여자가 슬로프에 서 있으면 남자 스키 선수들의 활강도 더 우아해지고 더 박력 있어진다. 이것은 인간의 다채로운 짝짓기 행동의 한 가지 예일 뿐이다. 스키나 다른 것을 통해 자신의 능력을 과시할 수 없는 경우, 남자들은 대개 말을 많이 하려 든다. 여자의 능동적인 선택과 남자의 자기 묘사는 생물학이 예언하는 사랑의 신호다.

이성 관계에 있어 남자와 여자들은 각각 무엇을 추구할까? 서로 사귀고 선택하는 데 어떤 시금석과 능력이 중요할까? 물론 외모도 중요한 역할을 한다. 눈, 성적으로 매력 있는 몸매, 부드러운 피부, 목소리, 머리카락 또는 체취. 우리 모두는 각각의 기호를 가지고 있다. 하지만 이것들이 전부가 아니다. 기호에 대한 선호도는 민족과 문화에 따라 차이가 나게 마련이다. 미시간 대학의 심리학자 데이비드 부스는 33개국의 만 명이 넘는 남녀들을 대상으로 수입, 지능, 창조성, 건강, 야망, 일에 대한 성취 등 그들이 선호하는 가치들을 설문하여 비교하고는 결정적인 것을 찾아냈다.

다윈 이래 학자들은 각 문화를 초월하여 인간의 기본적인 공통점이 있을 것이라고 추측했다. 부스는 파트너 선택의 우선 가치를 묻는 간단한 질문을 통해서 그것을 찾아냈다. 그 결과 여성들은 '능력'을, 남성은 '매력'을 가장 우선시하는 것으로 나타났다. 여성과 남성이 각각의 파트너에게 기대하는 것은 세계 공통적으로 크게 차이가 났다. 지역과 문화를 초월하여―호주인이건 줄루족이건 간에―남자들은 여자들의 신체적 매력과 젊음을 높이 평가했다. 반면 여자들은 대부분 벌이가 좋을 법한 연상의 파트너를 선호했다. 믿을 만한 부양자를 찾는 것이다. 예쁜 얼굴과 좋은 몸매는 전 세계 남자들의 시선을 사로잡는다. 반면 여자들은 남자의 돈에 이끌린다.

'여자는 매력, 남자는 돈'이라는 세계 공통적인 선호도에서 보이듯, 파트너 선택의 기준에서 민족과 문화가 끼치는 영향은 미미했다. 이성에 대한 생물학적인 요구는 많은 사람들이 생각하는 것보다 더 커다란 역할을 하고 있는 것이 틀림없다. 따라서 다윈의 선택 원칙이 인간의 파트너 선택 결정에도 적용된다고 할 수 있다. 인간 사회도 결국은 자신의 유전자를 퍼뜨리려는 동물적인 욕구 위에서 성립된 것이다.

여성의 아름다움과 남성의 재력을 중시하는 현상은 진화생물학적으로 굉장한 의미가 있다. 이런 시금석은 오늘날에도 남성과 여성의 번식에 관한 상이한 요구에 부합한다. 재력 있는 남자는 후손을 위한 좋은 부양자다. 여자는 가능하면 후손을 키우는 데 재정적으로 도움이 되고 그로써 여성 자신의 유전자 전달을 보장해줄 수 있는 파트너를 선택한다. 남성 입장에서는 여성의 번식 능력을 올바르게 평가하는 것이 중요하다. 여기서 신체의 매력은 중요한 열쇠다. 매끈한 피부, 윤기 나는 머릿결, 근육의 탄력, 그 외 여러 가지 미의 시금석은 생식 능력을 말해준다. 노화나 질병, 다른 장애요인들은 곧바로 외모에 반영되고, 미래의 후손에게 악영향을 끼칠 수도 있음을 신호한다. 생물학자들은 아름다움에 대한 이런 타고난 감각이 문화적 다양성을 제치고 오늘날까지 지속되고 있는 것으로 본다.

남성과 여성은 파트너 선택에 서로 다른 동기를 가지고 있다. 그리고 그들 자신의 '시장 가치'에 상응하는 파트너를 선택한다. 다르게 표현하면 '끼리끼리' 모이는 것이다! 그래야 안정적인 파트너 관계를 유지할 수 있다.

결혼 파트너를 자유롭게 선택할 수 있을수록 이런 경향은 두드러진다. 데이비드 부스의 연구뿐만 아니라 우리의 일상 경험을 봐도 성공한 커리어우먼이 노숙자와 결혼하지 않는다는 건 자명한 일이다. 매력과 사회적 지위가 높을수록 선택도 까다로워진다. 진화과정에서 남성과 여성은 자신이 선호하는 기준을 후손에게 전수했던 것으로 보인다. 선호되는 특성—아름다움이든, 권력이든, 능력이든, 쌓아놓은 자원이든—에 제대로 부합하지 못하는 사람은 인생의 연극에서 손해를 볼 수 있고, 만족감도 덜 할 수 있다.

데이비드 부스가 발견한 다문화적 견본과 칼 그람머가 묘사한 파트너 선택 과정은 인간의 유전적 프로그램을 반영한다. 태곳적부터 여성들은 빠듯한 경제적 자원으로 자기 자신과 후손의 생존 기회를 보장하고자 노력해왔다. 그래서 여성은 오늘날 다른 어떤 특성보다 재력에 더 높은 가치를 두게 되었다. 현대 사회에서 이런 가치는—탐탁지 않을지라도—두둑한 지갑, 외제 자동차, 최신 핸드폰, 세련된 집 등으로 대변된다.

파트너 관계에서 남성의 생물학적 투자가 여성에 비해 더 적으므로—남자는 짝짓기 후 도망쳐서 여자에게 임신, 출산, 수유, 육아를 모두 전가시켜버릴 수 있다—여자들은 어떤 남성과 고정적 파트너 관계에 들어가기 전에 남성의 잠재력을 여러모로 미리 살펴보고자 한다.

잠재력—돈, 선물, 땅—을 갖추고 있는 남자는 나중에도 공동의 후손에게 투자할 준비가 되어 있는 사람이다. 그리하여 여자들은 남자들의 사회적 지위를, 남자들은 여자들의 신체적인 매력을 선호한다. 남성은 매력적이고 짝지을 준비가 되어 있는 여성들에게 자신이 '좋은 반쪽'임을, 즉 아내와 후손을 잘 부양하게 될 것임을 확신시켜야 한다. 부양자로서의 자신을 부각시킬 줄 모르는 사람은 진화생물학적으로 끝장이 난 것과 다름없다.

젊은 여성들이 종종 별 '매력 없는' 늙은 남자와 결혼하는 이유도 이것으로 설명 가능하다. 인간에게는 부가 성적인 매력이 될 수 있다. 젊고 아름다운 여성이 왜소한 백만장자의 구애에 응한다면 그것은 그 여성이 자신과 후손에게 가능하면 좋은 자원을 보장받고자 하기 때문이다. 여자들은 후손의 미래를 생각하며 미의 이상들을 많이 포기한다. 존 F. 케네디가 암살당한 후 두 아이(열 살, 일곱 살)의 엄마였던 39세의 재클린 케네디가 62세의 아리스토텔레스 오나시스와 결혼한 것도 그런 맥락이다. 이상적인 경우이긴 하지만—특히 여자에게!—돈 많고 늙은 배우자가 정자나 유전자까지 제공할 필요는 없다. 정자 제공은 『채털리 부인의 사랑』에 나오는 것처럼 '산지기'가 넘겨받을 수도 있으니까.

외도의 생물학적 프로세스

감미로운 시, 낭만적인 이야기, 연가. 이런 단어들은 모두 설레는 연애를 떠올리게 한다. 그러나 진화생물학적 현실은 산문적이고 무미건조하다. 결혼은 번식을 위한 목적적 결합이고, 헤어짐은 손실을 최소화하는 데 기여한다. 우리가 무엇을 하건 그 배후에는 진화생물학적 메커니즘이 가동되고 있다. 짝짓기 게임의 정액 세포까지 나름대로 머리를 굴리고 있는 셈이다.

진화심리학자들은 외도나 바람피우기가 결코 비도덕적인 현대의 고안물이 아니라 진화적 유산이라고 주장한다. 찰스 왕세자, 레이디 다이애나, 보리스 베커, 빌 클린턴도 바람을 피웠다. 최상류층에서 벌어졌던 사건들이다. 바람피우기는 남성의 전유물이 아니다. 여성들도 남자 못지않게 바람을 피운다.

행동학자들은 '외도'라는 행위 안에서 최적의 방식으로 후손을 배출하려는 번식의 방법을 읽어낸다. 남자들은 그저 부양자로서만 선택된 것이 아니다. 남자들의 잘생긴 외모 또한 매력 있는 여자들처럼 '좋은 유전자'를 약속하기 때문이다. 그러나 두 가지(외모와 재력)를 동시에 만족시키는 남자들은 흔치 않다. 여성의 선택적 사항에 외도가 고려되는 이유다. 동물계의 가장 까다로운 암컷인 여성에게 가장 중요한 것은 좋은 유전자를 지닌 후손을 낳고, 가능하면 자원이 풍부한 수컷과 함께 그 후손을 성공적으로 키우는 일이다. 그것을 위해 암컷은 보호받기를 원하며, 경쟁자를 제칠 수 있고 행동, 색깔, 형태가 눈에 띄는 '더 나은' 유전자를 가진 수컷을 찾는다. 그러나 암컷의 입장에서는 자원을 공급하는 자가 꼭 유전자를 제공하는 자일 필요는 없다.

행동학자들은 동물의 세계에서 암컷이 여러 마리의 수컷과 짝짓기를 하는 상황을 관찰할 때마다 기묘한 현상을 목격하게 된다. 정자들의 경쟁이다. 정자들이 암컷의 생식강生殖腔 안에서 서로 전쟁을 벌이는 것이다. 인간도 마찬가지다. 정자들은 비교적 값싼 대량 생산품인데 반해 난자는 값진 상품이다.

싸움은 아주 은밀한 영역까지 이른다. 행동학자들은 초파리, 잠자리, 거미게, 점박이딱새 등에 이르기까지 수많은 동물들을 대상으로 한 다양한 연구에서 수컷들이 암컷을 놓고 직접적인 싸움을 벌이는 것을 목격했다. 수컷의 정자들은 오로지 자신만이 난자를 차지하기 위해 혼신의 힘을 다해 경주를 한다. 가령 초파리의 경우에는 암컷이 알을 낳기 바로 전에 짝짓기를 한 수컷이 후손의 아버지가 될 확률이 가장 크다.

인간의 경우에도 수많은 정자들이 수정될 준비가 된 난자를 향해 경주를 한다. 왜 남자들은 성교를 할 때마다—이론적으로는—미국의 여성 인구를 두 번 수정시킬 만큼의 정자를 배출하는 것일까? 진화생물학자들은 정액 한 방울 한 방울이 싸움과 전쟁과 수많은 다툼에 휘말릴 것이라고 확신한다.

영국의 진화생물학자 로빈 베이커는 1989년 맨체스터 대학의 동료 마크 벨리스와 더불어 인간 정자들의 경쟁에 대한 연구 결과를 소개하여 센세이션을 일으켰다. 그들은 아내가 바람 피울 위험이 높을수록 남편이 성교에서 방출하는 정자의 양이 증가한다는 사실을 발견했다. 베이커와 벨리스는 15쌍의 실험대상자들을 확보하여 몇 달 동안 콘돔에 든 남자의 정액을 수집하고 정액 속의 정자를 세는 한편, 각 쌍의 부부 관계에 대한 설문을 함께 실시했다. 거기서 학자들은 행위당 사정되는 정자 수와 남자가 두 번의 성교 사이에 배우자와 더불어 보내는 시간 간에 밀접한 상관관계가 있다는 것을 발견했다. 달리 말해 여자가 혼자 있는 시간이 많을수록 다른 남자가 '중간에 곁눈질할' 위험이 크고, 그리하여 정자 전쟁에 내보내는 전사들의 수도 많아진다는 것이다. 반대로 부부끼리 더 자주, 더 오랫동안 함께 시간을 보낼수록 낯선 씨와의 경쟁 위험은 줄어든다.

남자의 신체는 성교를 하는 동안 1억 개의 정자를 내보내는 것이 좋은지, 3억 개 혹은 6억 개의 정자를 내보내는 것이 좋은지를 결정한다. 그들이 어떤 방식으로 정자 수를 조절할 수 있는지는 아직 밝혀지지 않았다. 그러나 그렇게 한다는 것만은 확실하다.

로빈 베이커에 따르면, 다른 동물들과 마찬가지로 인간 역시 정자의 경쟁이 성적 행동에 결정적인 역할을 한다. 여자의 총애를 받고자 경쟁하는 남자들은 마지막 결판을 그들의 정자에 위임한다. 베이커에 따르면 인구의 4%는 서로 다른 남자들의 정자끼리 벌이는 전쟁으로 인해 태어난다. 따라서 25명 중 한 명은 어머니의 생식기 속에서 아버지의 정자가 다른 한 남자 혹은 여러 남자의 정자를 제압한 덕분에 태어난 것이라고 볼 수 있다. 인간의 성행동 양식을 자세히 조사한 베이커는 자신의 저서 『정자들의 전쟁』에서 "여성의 몸속에서 일어나는 정자들의 싸움은 단순한 우연의 게임이거나 수영시합이 아니다. 그것은 두 부대—혹은 더 많은—사이의 전쟁이다"라고 썼다. 이런 연구와 더불어 남성의 정자가 점점 학문적, 공적 관심의 대상이 되고 있는 것은 그리 놀랄 일이 아니다. 인공수정이든, 정자은행이든, 생식세포에 대한 줄기세포 연구든, 정자의 질 저하를 경고하는 뉴스든 이와 같은 주제는 이제 모든 사람들의 입에 오르내리고 있다.

마지막 예를 들어보자. 한 번의 인공수정이 이루어지기 위해서는 보통 약 3억 개의 정자가 필요하다. 정액에는 밀리터당 4천만에서 1억 2천 개의 정자—밀리터당 정자가 2천만 개 아래일 때는 거의 성공적인 수정이 이루어질 수 없다—가 존재한다. 안타깝게도 남성들의 정자 생산은 세계적으로 악화 일로를 걷고 있다. 스코틀랜드 연구자들에 따르면 1970년 이후에 태어난 남자들은 1959년 이전에 태어난 남자들에 비해 정자 수가 25%나 감소했다. 또한 덴마크 연구자들은 임신시킬 능력이 있는 남자의 평균 정자 수가 지난 50년간 50%나 줄어들었다는 사실을 발견했다. 정자는 스트레스를 받고 있다. 남성의 불임도 증가하는 실정이다. 정자 생성 장애는 환경오염 등 여러 가지 원인에서 비롯된다. 임산부에게 에스트로겐을 주사하면 사내 태아의 고환 발달이 제대로 되지 않을 수도 있다고 한다. 화학물질, 이온화 광선 외에 현대적인 생활양식—스트레스, 니코틴, 알콜, 의복—이 정상적인 정자의 성숙을 방해할 수도 있다. 이런 흐름이 지속된다면 '환경을 통한 거세'가 남성을 위협하게 될지도 모른다.

다시 외도의 문제로 돌아가 보자. 자신의 유전자를 가능하면 많은 수의 후손에게 전달하기 위한 외도 경향은 남성과 여성 모두 마찬가지다. 그러나 보통은 여자보다 남자들의 바람기가 심하다. 임신시킨 여자가 많을수록 다음 세대로 전달되는 유전자 수도 많아지기 때문이다.

이런 경향은 비교적 적은 노력으로도 외도를 행할 수 있는 남자들에 비해 여성 쪽의 사정이 굉장히 다르기 때문에 생겨난다. 여성은 임신이 가능한 약 25년간의 세월 동안 성적 접촉의 빈도와 상관없이 1년에 하나 이상의 자녀를 출산하기 힘들다. 남자에게는 '섹스=많은 후손'이지만 여성에게는 섹스를 많이 하는 것과 더 많은 후손을 배출하는 것 사이에 큰 상관관계가 없다. 이것이 남성과 여성의 의미심장하면서도 '섬세한' 차이다.

외도는 일종의 '의사일정'에 따라 행해진다고 할 수 있다. 둘 다 자신이 가진 것으로부터 각각 최선의 것을 만들고자 노력하기 때문이다. 두 파트너는 종종—기존의 남녀 관계 밖에서—그들의 번식 기회를 극대화하고자 한다. 거칠고 유별난 쾌락이나 모험이 그들을 새로운 파트너와의 잠자리로 몰아가는 것이 아니다. 남자의 경우에는 유전자를 가능하면 많이 뿌리고자, 여자의 경우에는 자신의 유전자를 가능하면 더 나은 파트너의 유전자와 융합하고자 적잖이 무의식적으로 외도를 행하는 것이다. 혈액형 분석 결과 미국에서는 열 명 중 한 명의 아이가 엄마의 정식 배우자에게서 태어나지 않는다고 한다. 심리학자들은 여기서 다소 당황스러운 사실을 하나 발견했다. 여자들이 바람을 피우는 시기와 가임기가 맞아 떨어지는 경우가 많다는 사실이다. 의사와는 상관없이 '과실'로 임신할 가능성이 큰 것이다.

유전적 관점에서 보면 여자가 간통하여 남편을 배신하는 것은 남자에게 일어날 수 있는 가장 최악의 사건이다. 아내가 정조를 지키는 한 남자는 안전하게 아이 아버지가 될 수 있다. 이 때문에 남자의 외도에 대한 여자들의 반응보다 여자의 외도에 대한 남자들의 반응이 더 격하다. 간통이 비난을 받는 거의 모든 문화에서—앞서 언급한 데이비드 부스의 연구에서도 밝혀진 바 있듯—여자의 외도가 남자의 외도보다 더 강한 비난을 받는다. 일반적인 통설과는 달리 남자들이 여자에 비해 더 질투심이 강하다. 사회학자들은 배우자의 외도에 대해 느끼는 압박감의 정도가 성별에 따라 달라진다고 말한다. 실제로 남자들은 아내의 바람기를 용납하지 못하는 경우가 많지만, 아내들은 남편의 바람기에 관용적인 측면이 많다. 후손의 부양이 가장 중요한 여자에게는 남편에게 버림받는 것이 남편의 외도나 바람기보다 더 커다란 위험으로 다가오기 때문이다. 여자들은 남편이 다른 여자와 감정적으로 깊은 관계를 맺게 되는 시점에서야, 그리고 그 여자를 위해 자신에게 베풀었던 자원을 모두 철수시킬 지경에 이르러서야 비로소 경악하게 된다.

정조 관념을 중요시하는 일부일처제는 인간의 자연스런 번식 전략이 아닌 듯하다. 사람들은 늘 박차고 나올 수 있는 기회를 엿본다. 그리고 현대 사회는 이전 시대보다 더 관대하게 그것을 허락한다. 인간은 일부일처제의 소질을 갖추지 않았다. 인간의 생물학적 유산은 남자로 하여금 적당히 많은 여자와 관계를 맺게 하고, 여자로 하여금 각각의 후손을 위한 이상적인 부양자를 찾도록 한다. 상황에 따라 인간은 단혼제와 복혼제 사이에서 왔다

갔다 할 수 있는 듯하다. 특정한 환경적, 경제적, 사회적, 문화적 조건에서만 일부일처제를 고수할 준비가 되어 있을 뿐이다. 물론 간통과 매춘, 이혼률 등이 우리에게 증명해주듯 모순적인 장치들이 함께 공존하는 일부일처제 말이다.

우리는 잘못된 연애나 결혼에 대해 회의감을 느낄 경우, 헤어짐이나 이혼으로 어느 정도 진화생물학적인 손해를 줄이고자 노력한다. 그렇게 해서라도 이미 내린 잘못된 선택을 상쇄시키고, '새로운' 그리고 '더 나은' 파트너와의 관계를 위해 길을 터놓는 것이다. 진화생물학적인 시각에서 볼 때, 여자들뿐만 아니라 남자들도 자신과 맞지 않는 파트너와의 관계에 장기적인 시간과 자원을 투자할 때 발생할 수 있는 유전적 손해들을 수정한다. 지속적으로 고통을 받는 것보다는 아쉽더라도 관계를 끝내는 게 낫다는 것이다. 늙은 남자들이 동년배의 배우자를 차버리고 더 젊은 여자와 재혼하는 소위 '두 번째 봄'도, 더 늦기 전에 재생산율을 한번 높여 보려는 진화적인 트릭으로 해석 가능하다.

파트너 관계를 비교적 단기적으로 유지하면서 빈번히 이혼을 하거나 몇 년에 한 번씩 배우자를 바꾸는 등의 측면에서 오늘날의 산업국가는 '시리즈적 일부일처제'와 비슷한 형태를 보여준다. 여성들의 경제 자립이 늘어난 점도 여기에 한몫을 한다. 한 여자와 지속되는 관계를 유지하는 것은 직업적으로 실패한 사람에게나 해당되는 것일 뿐이라는 타이쿤스 폴 게티의 말은 진화심리학자들 견해의 정곡을 찌른다. 남자의 사회적 지위가 높을수록 여자들은 그와 함께 관계에 들어갈 준비가 되어 있는 것이다.

진화생물학적으로 인간은 견본에 따라 행동한다. 인간의 파트너 선택과 번식 전략은 교과서처럼 진행된다. 많은 사람들은 유전적 요인이 그렇게 깊이 우리를 구속하고 있는 것인지, 우리가 진화의 꼭두각시에 불과한 것인지 의심이 들 것이다. 감정은 동물적인 본능의 노예일 뿐이라고? 신비한 사랑의 감정이 학문적인 이성과 논리로만 설명 가능하다고? 생물학적 사실보다는 사랑의 힘을 믿고 싶은 사람들은 베를린의 학술 저널리스트 바스카스트가 제시한 「우리 시대의 사랑을 위한 다섯 가지 전략」이 우리들에게 효과가 있길 바랄 것이다. 서로에게 관심을 갖고, 서로의 가치를 인정하며, 우리는 하나라는 유대감을 갖게 만들며, 긍정적인 환상을 선사하고, 일상의 흥밋거리를 제공하자는 그의 전략이 과연 우리에게 통할 수 있을까?

3

멸종과 진화의 아이러니

현대 생물학의 아름답고 새로운 가상 세계에서는 아무
것도 불가능한 게 없어 보인다. 최근, 독일 연방 의회의
정치인들은 배아줄기세포가 '전능세포'니 '만능세포
(pluripotent)[30]'니 하면서 토론을 벌이기도 했다. 독일의
한 생물학자는 쥐의 배아줄기세포에서 난자를 배양해냈
으며, 일본의 학자들은 같은 방법으로 정자도 얻을 수 있
다는 것을 증명해보였다. 이런 성과에 기대어 일부 학자
들은 멸종한 매머드를 다시 부활시키는 것쯤은 어려운
일이 아니라고들 말한다. 이 추세대로라면, 마이클 크라
이튼이 쥐라기 공원에서 인사를 할지도 모를 일이다.

긴 털을 가진 거대 코끼리의 친척 '매머드'는 마지막
빙하기 말까지 시베리아 북쪽 지방에 서식했다. 그들은
20만 년간 커다란 무리를 지어 북유럽, 아시아, 북아프
리카 일대를 누비고 다녔으며 지금으로부터 약 1만 년
전쯤 빙하기가 물러가고 지구의 기후가 다시 온화해지면
서 멸종되었다. 숲이 확장되면서 매머드의 생활공간이
었던 초지가 줄어든 점과 고기와 가죽을 노린 인간의 매
머드 사냥도 멸종에 한몫했을 것이다.

매머드는 이제 신화의 세계에만 존속하고 있다. 그리
고 이 신화는 매머드의 시체가 발견될 때마다 한 번씩 달
구어진다. 시베리아와 알래스카의 동토에는 틀림없이

30) 근육·뼈·뇌·피부 등
신체의 어떤 기관으로도
전환할 수 있는 세포.

여남은 마리의 매머드 시체가 피부와 털이 고스란히 보존된 상태로 수천 년 이상 손상되지 않고 묻혀 있을 것이다. 매머드는 오랫동안 큰 주목을 받지 못했지만 최근 들어 용감한 자연연구가들에게 호기심의 대상이 되고 있다. 분자유전학자들은 매머드 시체에서 매머드의 정자를 얻을 수 있지 않을까 희망한다. 그러나 설령 그렇게 된다고 해서 멸종한 동물의 부활이 가능한 것일까? 그들을 부활시키는 일이 정말 필요한 일일까?

이 질문은 인간에 의해 멸종된 태즈메이니아 호랑이 등 이미 멸종된 다른 동물들에게까지 확장될 수 있다. 1936년 마지막 태즈메이니아 호랑이가 호바르트 동물원에서 최후를 맞았다. 이제는 그 뼈와 가죽, 베를린 자연사 박물관에서 볼 수 있는 일부 사진들만이 태즈메이니아 호랑이의 존재를 알려주는 증거물로 남아 있을 뿐이다. 현재 시드니의 분자생물학자들은 태즈메이니아 호랑이의 유전자를 재구성하고, 이를 복제해 부활시키고자 노력하고 있다.

「쥐라기 공원」이라는 영화는 유전자를 이용해 공룡을 새롭게 살려낸다는 아이디어로 흥행에 성공을 거두었다. 영화 속에서는 호박에 보존된 몇 천만 년 된 모기가 복제의 시발점이 된다. 영화 속의 학자들은 이 모기의 위에서 공룡의 DNA를 분리하고 부족한 부분은 파충류와 양서류의 DNA로 보충해 복제에 성공한다. 하지만 이런

'유전적 엔지니어링'이 가까운 미래에 과연 가능할 수 있을지에 대해선 많은 전문가들이 의심을 표하고 있다. 태즈메이니아 호랑이나 매머드의 경우, 기술 부족만이 문제는 아니다. 연구자들은 우선, 잘 보존되어 있는 각 동물의 유전자를 충분하게 찾아내야 한다. 시베리아 동토에 보존된 매머드 시체를 찾고자 두 번이나 탐험에 참여했던 미국의 학술저자 리처드 스톤은 『맘모스-거대 동물의 귀환』이라는 책을 썼다. 그러나 리처드 스톤은 매머드 복제에 대한 장밋빛 미래에만 관심을 가졌을 뿐, 현재로서는 극복할 수 없는 기술적 장애와 위험에 대해서는 별로 관심을 기울이지 않았다. 복제 기술에 관한 문제 제기는 러시아, 일본, 미국의 마지막 매머드 사냥꾼들의 노력과 그에 쏟아 붓는 무지막지한 연구비를 좀 다른 각도에서 보게 할 것임에도 불구하고 말이다. 리처드 스톤은 러시아 툰드라의 어딘가에 매머드 파크를 조성할 수도 있다는 꿈에 부풀어 있다. 얼음 속에 보존된 매머드의 사체에서 복제 가능한 정자가 발견되기만 하면 과학자들이 곧바로 매머드 파크를 만들 수 있다는 것이다. 그러나 매머드 부활 프로젝트는 현재로서는 그저 꿈에 불과하다. 매력적이지만 동시에 너무 환상적인 꿈 말이다.

매머드와 관련한 연구비 및 명성 따내기 사냥에 참여하지 않은 많은 전문가들은 분자생물학이라는 직업 특유의 '뭐든지 다 된다'는 식의 도취를 경계한다. 리처드 스톤은 언급하지 않았지만, 얼음 속에 보관된 매머드 사체에서 복제 실험에 필요한 양의 정자를 추출해내는 것만 해도 쉬운 일이 아닐뿐더러, 복제 과정에서도 수백 번의 실험이 행해져야 한다. 우리에게 잘 알려진 복제양 돌리도 277번의 실험 끝에 성공했다. 성공적으로 임신을 한다고 해도 출산의 과정에서 문제가 생길 수 있고, 복제 후손의 수명에 문제가 있을 수도 있다.

매머드를 부활시키는 데에는 또 하나의 장애물이 놓여 있다. 복제 매머드를 출산하기 위해서는 매머드의 유전자를 유전적으로 가장 가까운 동물의 난자와 융합시키고, 그 동물로 하여금 융합된 난자를 착상시킬 수 있도록 해야 한다. 매머드의 경우, 가장 가까운 친척은 아시아 코끼리다. 태즈메이니아 호랑이는 태즈메이니아 주머니곰 같은 다른 호주 유대류 동물과 유전적으로 가장 가깝다. 이렇게 종의 경계를 넘은 융합은 다른 복제 동물의 경우보다 더 복잡하다.

하지만 그 무엇보다 중요한 것은 과연 이 모든 일이 진정 필요한가 하는 점이다. 우리는 지금도 지구 곳곳에서, 특히 적도 근처의 열대우림 지역에서 전례 없는 무지와 탐욕으로 생물 다양성을 무참히 파괴하고 있다. 아이러니하게도, 리처드 스톤에 따르면 일본과 러시아 연구자들이 자신들의 프로젝트를 통해 점점 쪼그라들고 있는 종 다양성을 다시 회복하기를 원한다고 한다. 그러나 지구상에 존재하는 천 3백만여의 동물 종 중 계통학자들에 의해 계통학적으로 분류된 동물은 고작 10%밖에 되지 않는다는 사실과 열대 지역에서는 매일같이 다른 생물종이 파괴되고 있다는 현실을 생각해보면 매머드 부활 같은 포부는 우습기 짝이 없다.

매머드를 복제해 다시 살려 놓는다고 치자. 과연 어디에서 살게 할 것인가? 오늘날에는 인간이 곳곳에—북반구의 툰드라 지대에도—널리 퍼져 있기 때문에 매머드에게는 살 곳이 마땅치 않다. 우리는 무리를 지어 멀리까지 방랑하면서 살아야 하는 매머드에게 적당한 생활공간을 허락할 수 없을 것이다. 그들은 결국 아프리카나 아시아 코끼리들처럼 어렵게 확보한 좁은 보호구역에 갇혀 살 수밖에 없을 것이고, 그러다보면 장기적으로 생존에 좋지 않은 영향을 받게 될 것이다. 물론 이런 걱정을 하는 것조차 시기상조다. 매머드는 아직 부활하지 않았으니까 말이다.

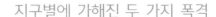

지구별에 가해진 두 가지 폭격

1992년 12월 8일, 지구는 우주의 아비규환을 가까스로 벗어났다. 직경 6km 크기의 소행성 토타티스가 4백만 km라는 아슬아슬한 거리를 두고 시속 14,000km의 속도로 지구를 비켜간 것이다. 학자들은 토타티스를 관측하면서 그것이 지구에 위협을 끼칠 정도는 아니라는 것을 알았다. 토타티스는 2004년 되돌아왔고 이번엔 160만km 떨어져서 지나갔다.

그러나 위의 경우처럼 지구가 언제나 행성의 충돌로부터 무사했던 것만은 아니다. 우주에서 날아오는 '폭탄들'은 여러 번씩이나 지구의 역사를 좌우하고 지구의 동식물을 대대적으로 멸종시킨 것으로 보인다. 6천 5백만 년 전, 소위 'K-T 전환기'[31]에 일어난 공룡의 멸종은 그런 충돌이 일으킨 대표적인 사례다. 당시 공룡과 함께 동식물 종의 반 수 이상, 바다 생물의 90% 이상이 멸종을 당했다. 우리가 이렇게 지구의 과거를 가늠해 볼 수 있는 것도, 그때 살아남았던 얼마 안 되는 동식물 중 포유류가 속해 있었기 때문이다.

지구사에 왜 그런 대량 멸종의 순간이 찾아왔는가 하는 질문을 둘러싸고 학자들은 오랫동안 뜨겁게 논쟁을 벌여 왔다. 20년 전부터 연구자들—천문학자, 광물학자, 지질학자, 고생물학자, 지구물리학자—사이에서는

31) 중생대 백악기에서 신생대 제3기로 넘어가는 시기를 말한다.

운석 충돌론과 화산 활동설의 두 가지 가설이 팽팽하게 대립했다. 운석 충돌설은 큰 규모의 운석 충돌이 중생대 말기 멸종의 원인이 되었다는 가설이고, 화산 활동설은 화산 폭발의 증가가 급격한 환경의 변화를 초래해 육지 생물과 수서 생물들이 그런 변화를 감당해내지 못했다는 가설이다. 비록 전제는 다르지만, 지구의 기온 급강하가 종의 멸종으로 이어졌다는 데에는 두 가설 모두 동의하고 있다.

근래의 대다수 학자들은 '운석 충돌론'에 더 방점을 찍고 있다. 노벨물리학상 수상자인 루이스 알바레츠가 1980년 아들 발터와 동료 프랑코 아사로와 함께 소개한 설에 의하면, 6천 5백만 년 전쯤 직경 10km 정도의 어마어마한 소행성(또는 혜성)이 초속 10km가 넘는 속도로 지구와 충돌했다. 그리고 거기서 방출된 엄청난 에너지—TNT 70~100조 톤의 폭파력과 맞먹는—가 허리케인과 거대한 해일, 억수 같은 산성비, 화재를 일으켰을 것으로 추측한다. 충돌로 인한 먼지와 그을음 층이 지구를 뒤덮었고, 지구는 오랫동안 어둠과 추위에 시달려야 했을 것이다.

운석 충돌론은 보통 두 가지 지표에 근거한다. 하나는 세계 각지의 K-T 경계층에서 이리듐 함량이 높은 퇴적층이 발견되었다는 점이다. 이리듐은 지각에는 드문 원소지만, 우주의 천체에서는 흔히 볼 수 있는 원소다. 운

석 충돌과 기후 파국에 대한 이런 가설은 1990년 지질학
자들이 멕시코의 유카탄 반도에서 180km 반경의 운석
분화구 흔적을 발견해냄으로써 더욱 추진력을 얻었다.
이 분화구에는 '칙술룹'이라는 이름이 붙여졌다. 이는 아
스테카어로 '악마의 꼬리'라는 뜻이다. 현재 칙술룹 분
화구는 풍화로 인해 거의 평평해진 상태지만, 분화구 중
심의 암석을 분석해본 결과 뚜렷하게 6천 5백만 년 된
것임이 밝혀졌다. 이제 많은 사람들은 칙술룹 분화구가
파국의 진앙지였음을 의심하지 않는다. 충돌로 인해 생
겨난 어마어마한 유황 먼지와 유독 가스들이 하늘을 온
통 뒤덮었을 테고, 지구는 몇 개월 아니 몇 십 년 동안이
나 어둠과 추위에 휩싸여 있었을 것이다.

화산 활동설을 지지하는 사람들도 동식물의 멸종 원
인으로 기후 파국을 지목한다. 활화산이 기후를 변화시
킬 수 있다는 것은 1991년 여름 필리핀의 피나투보 화산
폭발에서도 이미 확인된 바 있다. 기후 위성 NOAA-11
의 측정에 따르면 성층권까지 피워 오른 화산진들은 바
람에 실려 수개월 동안 지구 주변을 맴돌았으며, 열대 지
방의 햇빛을 약화시키기도 했다. 화산 폭발이 기후에 영
향을 주었던 사례는 흔하게 찾아볼 수 있다. 많은 지구
물리학자들은 백악기 말의 빈번한 화산 활동이 생태적
도미노 현상을 유발했다고 본다. 운석 충돌 대신 화산 폭
발이 공룡을 비롯한 다른 동식물들을 장기간에 걸쳐 싹

쓸이 했다는 것이다.

지금까지 이 두 가설을 신봉하는 연구자들은 서로 고집스럽게 상대편의 가설을 반박해왔다. 그리고 많은 언론이 이것을 논쟁으로 비화시켰다. 하지만 U.S. 지질 서베이의 존 해그스트럼에 따르면 두 이론—운석 충돌과 가공할 화산 활동—은 결코 서로를 배제시키지 않는다. 해그스트럼은 두 가설을 연결시킬뿐 아니라 그로써 재앙이 왜 지구 전체에 미쳤는지를 설명하려 한다.

해그스트럼은 카리브 해 지역에 떨어진 운석이 지구의 반대편(대척점)에 상당기간 격렬한 화산 활동을 유발할 수 있다고 보았다. 그에 따르자면 칙술룹의 운석 충돌과 대척점에서의 잇따른 화산 활동이 서로 시너지 효과를 내면서 백악기 말의 대량 멸종을 불러왔을 수 있다. 해그스트럼은 지진 또는 폭발에서 생기는 지진파가 지구 내부를 통과해서 확산되는 과정을 연구했는데, 이런 지진파가 맨틀과 외핵을 거쳐 지구 반대편의 지표면에 다시금 그 에너지를 방출한다는 것을 확인했다. 지구에 떨어진 운석도—지표면에 다른 가공할 결과들을 초래함과 동시에—지구 속에서 지진파를 유발했을 테고, 가공할 에너지를 가진 그 충돌의 파장은 반대편의 지각을 녹이고 터지게 했을 것이다. 그리하여 강력한 마그마가 지표면에 도달하여 거대한 용암 이불을 가진 어마어마한 화산 폭발을 일으켰을지도 모른다.

실제로 인도 서부에는 이를 증명해주는 화산 증인들이 있다. 데칸 고원의 용암 대지는 6천 5백만 년 전 동식물계의 멸종과 함께 흘러나왔다. 이 용암대지가 지구사적으로 운석 분화구와 짝을 이루는 시기의 것인지는 두고볼 일이다. 이것이 실제로 증명된다면 운석 충돌과 동시에 화산 폭발이 이어졌다는 이중 공격 이론의 직접적인 증거로 여겨질 수 있을 것이다.

이 이론이 아주 설득력을 지닐지라도, 공룡의 멸종을 둘러싼 논쟁에 종지부를 찍지는 못할 듯하다. 여전히 새로운 해석들이 등장하고 있기 때문이다. 최근 미국의 두 학자 데이비드 크링과 대니얼 두르다는 또 하나의 가설을 내놓았다. 그들은 칙술룹 분화구에 엄청난 운석이 떨어졌다는 데서 출발하여 전 지구적인 화재 시나리오를 발표했다. 운석 충돌의 파편들이 대기권을 열기로 가득차게 했고, 그에 따라 지구상의 모든 숲이 타버렸다는 가설이었다. 전 지구적인 화재 속에서 생명을 건질 수 있었던 종은 몇 안 되었고 결과적으로 전체 생태계가 무너졌다는 것이다. 이들은 운석 충돌로 인한 화재로 백악기말 동식물의 3/4 이상이 희생되었다고 보고 있다.

어떤 가설이 실제에 가까운 것인지는 알 수 없다. 그러나 한 가지는 확실하다. 우주에서 거대한 운석이 떨어졌다 해도 그것이 순간적으로, 그리고 직접적으로 지구상의 대량 멸종을 불러오지는 않았으리라 하는 점이다.

칙술룹 운석 충돌은 순식간에 대량 멸종을 불러왔다기보다는 오히려 아주 천천히 지질학적, 생태학적 연쇄반응을 일으켰던 것 같다. 이 연쇄반응들이 파괴의 물결이 되어 전 지구를 감쌌을 것이고, 지구의 얼굴을 완전히 바꾸어 놓았을 것이다.

공룡과 포유류의 바통 주고받기

1990년대 말, 시카고 자연사 박물관의 고생물학자 존 플린과 앙드레 위스는 마다가스카르 섬의 홍토에서 공룡과 비슷한 동물의 태곳적 화석을 발견했다. 처음에 그들은 '뭔가 오류가 있겠지'라고 생각했다. 연구 결과, 화석 속의 동물은 2억 3천만 년 전 트라이아스기에 살았던 커다란 초식 공룡인 것으로 밝혀졌다. 최초로 발견된 프로사우로포드의 화석이었다.

프로사우로포드는 가장 오래된 초식 공룡이며 가장 초기의 공룡 증인인 셈이다. 나중에 이들로부터 코끼리와 비슷한 다리를 갖춘 사우로포드가 생겨났다. 사우로포드는 중생대에 서식했던 거대 초식 공룡을 일컫는 명칭으로, 북아메리카의 아파토사우루스와 자이스모사우

최초의 초식 공룡 프로사우로포드의 상상도

루스 등이 여기에 속한다. 오늘날 베를린 자연사 박물관에 전시된 길이 약 23m, 키 약 12m의 브라키오사우루스 브란세이도 사우로포드에 속한다.

트라이아스기의 프로사우로포드로부터 약 1억 6천 5백만 년간 지속된 공룡의 지배가 시작되었다. 이 화석이 발굴되기 전까지는 오랫동안 공룡의 조상(데오돈트)이 트라이아스기 말기, 약 2억 1천 5백만 년 전쯤 출현한 것으로 여겨졌다. 학자들은 중생대 말 백악기의 대량 멸종과 비슷하게 트라이아스기 말기에도 동식물계의 대량 멸종이 일어나 프로사우로포드가 번성할 수 있었던 조건이 마련되었을 것이라 추정했다.

그러던 중 시카고 박물관의 플린과 위스가 2억 3천만 년 전 트라이아스기 중기의 화석을 발굴해냄으로써 육지 동물의 초기 진화에 대한 기존의 추측들을 발칵 뒤집어 놓았다. 이들의 새로운 추측에 따르면 공룡 진화는 이미 트라이아스기 말부터 한창 진행되고 있었다. 프로사우로포드 외에도 초식 공룡의 하나인 에티오사우루스와 가장 오래된 육식 공룡인 에오랍토르와 헤레라사우루스도 이때 이미 번성하고 있었다는 것이다. 에오랍토르와 헤레라사우루스는 1991년 아르헨티나에서 그 화석이 발견되기도 했다.

화석의 형태로 볼 때 이들은 뾰족한 이빨과 짧은 앞다리의 구부러진 발가락으로 먹잇감을 찢었던 것으로 보인다. 이들은 뼈대 구조는 원시적이었지만 뒷다리로 뛰는 데는 문제가 없는 능숙한 육식 공룡들이었다.

마다가스카르 섬의 화석지는 이외에도 놀라운 정보들을 우리에게 알려주었다. 포유류와 비슷한 파충류였던 초식동물 트라베소돈트와 후일 본격적인 포유류로 분화해 나간 육식동물 치니쿠오돈트의 화석이 발견된 것이다. 이는 프로사우로포드와 더불어 2억 3천만 년 전에 이미 여러 종의 포유류 조상들이 살고 있었음을 증명해 준다. 그때까지 대부분의 학자들은 백악기 말 공룡이 생태적 무대를 비워주었을 때에야 비로소 포유동물들이 분화해 나갔을 것이라 생각했다. 그러나 초기의 포유류 조상들은 트라이아스기 중기에 이미 공룡들과 함께 생태적 경쟁을 하고 있었다. 이들의 첫 승부가 왜 공룡의 승리로 끝난 것인지, 어찌하여 포유동물들은 중생대 내내 공룡의 그늘에 머물러 있었던 것인지는 아직 수수께끼다. 포유류들은 6천 5백만 년 전 공룡이 멸종된 후에야 비로소 제대로 된 기회를 얻었다.

원시 공룡들이 무대에 등장했다가 사라진 것은 마치 한 편의 연극을 연상시킨다. 지구상의 그 어떤 동물도 공룡만큼 대량 멸종으로 운명이 좌우된 경우는 없었기 때문이다. 공룡 역시 다른 종들이 대량으로 멸종한 이후 지구라는 무대에 등장했다는 것은 굉장한 아이러니이기도 하다. 2억 5천 백만 년 전 페름기에서 트라이아스기로 넘어가는 시기, 즉 중생대의 시작에 진화는 중대한 위기를 겪었다. 그것은 육지와 바다에 살던 동식물 종의 9/10가 멸종했던 중생대 말 동물계에 닥쳤던 위기보다 더 심한 파국이었다. 고생물학자들은 그것이 지구사상 최대의 위기였다고 확신한다. 그렇다면 페름기에 동식물의 대량 멸종을 불러오고, 그 뒤를 이어 공룡 융성의 길을 터준 것은 과연 무엇이었을까. 여기에 대해서는 아직 논의가 분분하다. 몇몇 학자들은 또 하나의 운석 충돌설을 선호하는 데 반해 다른 학자들은 전 지구적인 기온 상승, 바다의 오염, 유독가스와 산성비 등 중대한 기후 변화를 불러온 대량 화산 폭발을 멸종의 원인으로 점친다.

학자들은 페름기의 지질학적 사건이 공룡 시대의 서막을 연 것이었는지에 대해선 아직까지 확신하지 못하고 있다. 확실한 것은 멸종의 운명이 다모클레스의 칼처럼 중생대 내내 공룡들의 머리 위를 부유하고 있었다는 사실이다. 하지만 공룡들은 트라이아스기와 쥐라기에도 살아남았고, 백악기가 시작되면서 당시 빠르게 꽃피던 다양한 식물계로부터 유익을 취했다. 폭발적으로 성장하는 종자식물들은 점점 더 분화되는 다양한 초식 공룡들의 식탁을 풍성하게 해주었을 테고, 초식 공룡들은 다시 육식 공룡들의 먹이가 되었을 것이다. 백악기의 식물계는 그런 식으로 공룡들 사이의 생태적 경쟁을 유발했다. 상대적으로 작은 몸집에 곤충을 주로 먹고 살았던 포유동물들은 그저 울타리 밖에서 구경꾼 노릇이나 했을 것이다.

1990년대에 이루어진 기술의 진보와 수많은 아이디어에 힘입어 공룡 연구에도 박차가 가해졌다. 한때 공룡들은 먹고 죽이는 것 외에 아무 것도 할 줄 모르는 우둔하고 거대한 생물체로 여겨졌다. 그러나 이제 약 100명 정도 되는 전 세계의 공룡연구가들은 그들이 미련하게 살만 찌고 무감각한 파충류가 아니었음을 확신하고 있다. 학자들은 공룡들을 놀라운 방식으로 주어진 환경에 적응했던 동물로 본다. 사회적 행동을 하고 공동체 정신을 가진 공룡들도 있었다는 게 이들의 견해다. 공룡이 새들과 비슷하게—공룡 중 몇은 새들처럼 깃털 옷을 입었다—알을 품고 새끼를 보호했다는 사실 때문이다.

공룡들은 1억 6천 5백만 년 동안 지구를 지배했다. 이제 공룡의 멸종에 관한 질문보다는 공룡이 지배했던 그 장대한 시간에 대한 연구가 더욱 더 흥미로워 보인다. 공룡의 멸종에 대해서는 이미 수없이 많은 이론들이 개진되었다. 운석 충돌설을 비롯해, 세력을 키워가던 포유동물들이 공룡의 알들을 먹어버렸다는 설, 새로운 식물들이 공룡을 독살했을 거라는 설, 새로 나타난 곤충들이 그들에게 치명적인 전염병을 퍼뜨렸다는 설 등 다소 엉뚱해 보이는 설에 이르기까지 말이다. 그러나 기존의 담론을 지배했던 운석 충돌설과 화산 활동설은 새로운 증거들을 확보하지 못한 채 최근 거의 답보 상태에 머물러 있다. 우주물리학자들과 광물학자들이 기존의 이론을 여전히 고집하고 있는 데 반해, 많은 지질학자들과 진화생물학자들은 세계적인 대량 멸종을 설명하기에는 그와 같은 인과적 가설이 너무 단순하다고 생각한다. 그런 가설은 백악기 말 수상과 육지에서 관찰되는 단계적인 종의 멸종에 들어맞지 않기 때문이다.

고생물학자들은 점점 더 흥미로운 주제에 몰두하고 있다. 백악기에서 제3기[32]로 넘어가는 과도기의 지질학적인 사건 속에서 공룡의 멸종 원인을 정확히 밝혀낼 수는 없다. 이들은 대량 멸종의 지옥 속에서도 공룡들이 후손을 전혀 남기지 않고 멸종해버리진 않았을 거라는 점에 천착한다. 공룡들은 자신들처럼 형태가 다양한 동물그룹, 즉 조류를 남겼다. 많은 학자들은 조류가 중생대 공룡의 진정한 후손임을 의심하지 않는다.

여기에 더해 최근 고생물학자들은 또 하나의 교과서적 전설을 폐기시켰다. 그동안 학자들은 몇 안 되는 야행성의 작은 포유류들만이 대량 멸종의 폭풍을 피해 살아남았고, 그들이 에오세[33]에 들어와 본격적인 포유류의 진화를 열었다고 생각했다. 그러나 마다가스카르 섬의 화석지는 이와 같은 추측을 부정한다. 포유류는 우리의 직접적인 조상인 영장류들과 함께 공룡의 그늘 아래에서 스스로 진화의 꽃을 피우고 있었을지도 모른다.

32) 지질시대에서 신생대를 2분한 것 중 전기로 중생대 백악기의 뒤이며, 신생대 제4기의 앞이다.

33) 약 5천 4백만 년 전부터 3천 7백만 년 전까지의 시대를 말하며 시신세始新世라고도 한다.

원시 영장류는 공룡과 함께 공존했다?

6천 5백만 년 전, 오늘날의 멕시코 유카탄 반도 근처에 엄청난 운석이 떨어졌다. 곧 지구에 기나긴 겨울이 찾아왔다. 운석 충돌의 여파로 그때까지 융성하던 중생대의 거의 모든 동식물계가 파괴되고 공룡들도 결국 멸종을 맞았다. 살아남은 동물은 몇몇 야행성 포유류에 불과했다. 그러나 운석 충돌은 결과적으로 포유류의 본격적인 진화를 가능하게 했다. 적어도 생물학자들은 이러한 시나리오를 오랫동안 의심치 않았다. 포유류는 이미 2억 년도 더 전에 탄생했지만, 그 긴 세월 중 2/3가량은 공룡의 그늘에 묻혀 있었고, 신생대에 와서야 비로소 꽃을 피우기 시작했다는 것이다.

이상의 이야기는 너무나 잘 알려져 있는 낡은 시나리오 중 하나다. 현행 교과서와 동물학 사전에도 이와 같은 시나리오가 사실인 것처럼 실려 있다. 후일 현생 인류를 배출하게 되는 영장류 조상들이 제3기 초기에 곤충을 먹고 사는 작은 포유류에서 탄생했다는 내용도 마찬가지다. 제3기 초기는 비교적 온화한 기후가 지구를 지배했던 때고, 영장류의 화석 발굴물들이 바로 이 시대에서 유래하기 때문이다. 여기에 따르면 최초의 영장류는 백악기에서 제3기로 이어지는 과도기에 태어난 아이 중 하나다. 대부분의 고생물학자들은 최초의 영장류가 출현한 시점을 5천 5백만 년경으로 잡고 있다.

그러나 인류학자이자 진화생물학자인 로버트 마틴은 동료들의 그런 견해에 반대한다. 시카고 자연사 박물관의 로버트 마틴은 우리 시대의 가장 저명한 포유류연구가 중 한 사람이다. 그는 옥스퍼드대, 런던대, 예일대를 거쳐 1986년에서 2001년까지 취리히 대학 인류학 연구소장과 박물관장을 역임하기도 했다. 마틴의 별명은 '미스터 9천만'이다. 그것은 그가 얼마 전부터 인간을 포함하는 영장류가 9천만 년 전에 이미 탄생했다는 명제를 변호하고 있기 때문이다. 그 명제에 따르면 영장류의 원시 조상들은 백악기부터 이미 공룡과 더불어 살고 있었다. 공룡이 멸종한 후에야 다양히 꽃을 피우게 된 것은 결코 아니었다.

마틴은 안경원숭이, 로리스원숭이, 갈라고원숭이, 부시베이비원숭이 등 동물학자들에게 생소한 원시 영장류 무리들에게 주목한다. 이들 원숭이들은 대부분 몸집이 작고 야행성이며, 열대우림에서 숨어 산다. 연구자들은 이제까지 약 350종의 영장류 동물을 발견했고, 그들을 여섯 무리로 나누고 있다. 호모 사피엔스를 포함하여 고릴라와 침팬지 등이 속하는 커다란 유인원도 이들 무리 중 하나다.

영장류의 공통점은 초기 조상들의 화석이 부재한다는 점이다. 백악기와 제3기 사이의 과도기에 발견된 화석보다 더 오랜 흔적을 담고 있는 화석은 아직 발견되지 않았다. 마틴의 말에 의하면 원시 영장류 화석을 쉽사리 발견하기 힘든 것은 그들의 화석이 조그맣고 눈에 띄지 않기 때문이다. 게다가 원시 영장류가 거주했던 인도, 마다가스카르, 아프리카 같은 남쪽 대륙에는 해당 시기의 적당한 퇴적암이 거의 존재하지 않는다. 몇몇 유명한 발굴지에서 공룡 시대를 살았던 포유류의 작은 뼛조각을 찾기 위해서는 베를린 자연사 박물관의 고생물학자 볼프-디터 하인리히가 그랬던 것처럼 거대한 공룡 뼈를 둘러싼 퇴적암들을 일일이 가려내야 한다. 하인리히는 베를린 자연사 박물관에 전시되어 있는 브라키오사우루스 브란세이가 발견되었던 동아프리카 텐다구루 화석층에서 쥐라기 포유류의 또 다른 화석을 발견했다. 이들 포유류의 화석은 텐다구로돈 자넨시Tendagurodon janenschi, 스타피아 에니그마티카Staffia aenigmatica, 텐다구루테리움 디트리치Tendagurutherium dietrichi라는 학명이 붙여져 세계적인 화석 전문가들의 눈길을 끌었다. 공룡 시대에 살았던 원시 영장류의 뼈만이 아직 발견되지 않은 실정이다. 따라서 이것이 발굴된다면 네안데르탈인이나 시조새의 화석이 최초로 발견되었을 때와 비슷한 동물학적 센세이션을 일으키게 될 것이다.

로버트 마틴은 영장류 화석이 부재하는 이유를 영장류의 진화가 우리가 알지 못하는 곳에서 일반적인 동물들과는 다르게 이루어졌기 때문이라고 해석한다. 영장류의 진화과정을 하나의 책으로 묘사하자면, 연구자들에겐 책의 일부 페이지만이 아니라 전체의 장들이 부재하는 셈이다. 로버트 마틴은 한때 생존했던 포유류 중 화석을 통해 알려진 것은 채 3%도 되지 않을 것으로 추정하고 있으며, 이것이 원시 영장류에게도 해당된다고 본다. 그는 이런 배경을 들어 '진화의 블랙홀'에 대해 이야기한다. 하지만 지난 십 년간은 영장류 진화의 단서를 읽을 수 있는 발굴이 활발하게 이루어진 편이다. 언론은 계속하여 그런 '선구적인' 발굴에 대해 집중적으로 보도했다. 여기서는 초기 영장류의 어금니로 보이는 발굴물을 소개하고, 저기서는 두개골로 보이는 발굴물을 소개하는 식이었다. 최근에는 마틴의 동료들인 듀크 대학의 에릭 자이퍼르트와 엘빈 사이먼스가 〈네이처〉지에 이집트에서 발굴한 약 4천만 년 된 화석에 대한 논문을 실었다. 이 발굴물들은 사하라갈라고Saharagalago와 카라니시아Karanisia라는 학명이 붙여졌고, 로리스원숭이의 친척인 아프리카 영장류의 한 뿌리로 자리 매김 되었다.

로리스원숭이 형태의 아프리카 영장류들은 이 발굴로 인해 나이가 갑자기 두 배로 뛰었다. 그동안 이런 영장류 화석은 대개 마이오세[34] 층에서만 발굴되었을 뿐, 다른 층에서는 전혀 모습을 드러내지 않았다.

고영장류학처럼 의견일치가 어려운 학문영역도 없다.

34) 약 2천 6백만 년 전부터 7백만 년 전까지로, 신생대 제3기 초에 해당하는 지질시대이다. 초, 중, 말기 3개로 구분한다.

화석은 부족하고, 몇 안 되는 화석을 어떻게 분류하느냐에 대한 의견 차이는 언제나 영장류의 근원에 대한 논쟁을 유발한다. 이를 피하기 위해 로버트 마틴은 다른 경로를 밟았다. 로버트 마틴은 몇 년 전 〈네이처〉지에 발표한 논문에서, 영장류의 가장 오래된 화석 발굴물에서 출발한 그의 계산을 근거로 동물의 진화 연대를 지금까지 알려진 것보다 1/3 정도 더 미루어야 할 것이라고 주장했다. 마틴은 영장류가 약 8천만 년 전부터 존재하고 있었다는 계산을 내놓았다. 그러나 어떤 영장류학자도 그의 견해에 동조하지 않았다. 그러는 동안 포유류의 진화와 계통에 대한 몇몇 분자유전학적인 논문들이 속속 발표되었고,—화석 발굴이나 수학적 모델들과 별개로—영장류가 마틴의 주장대로 오래전부터 지구에 존재하고 있었음이 차근차근 증명되었다. 스웨덴 룬트 대학의 울푸르 아네이슨 같은 분자유전학자들은 중생대에 이미 포유류 계통수에서 가장 중요한 분화가 일어났으며, 영장류가 등장한 시기는 6천만 년 전이 아니라 9천만 년 전이라는 사실을 밝혀냈다.

로버트 마틴의 견해는 서던 캘리포니아 대학의 사이먼 타바레 같은 바이오수학자들에게서도 뒷받침을 받았다. 사이먼 타바레와 마틴의 연합 연구팀은 통계적 방법을 이용해 영장류가 8천 3백만 내지는 8천 8백만 년 전에 이미 존재하고 있었다는 것을 계산해 보였다. 이 계산에는 현존하는 영장류 종들의 수와 (약 백만 년 가량으로 추정되는) 어느 포유류의 평균 수명에 대한 가정들 외에도 이제까지 발굴된 원시 영장류의 데이터가 종합적으로 고려되었다. 그에 따르면 우리의 조상들은 백악기와 제3기 사이의 운석 충돌이 있기 약 2천만 년 전에 탄생했고 공룡의 시대에 그들과 함께 공존했다.

"영장류 탄생의 시점이 1/3은 더 뒤로 밀려야 한다"는 마틴의 견해가 다른 일반적인 진화노선에도 들어맞는 것으로 증명된다면, 약 5~6백만 년 전에 등장한 것으로 알려졌던 우리의 직계 조상의 탄생 연대도 그보다 더 이전으로 거슬러 올라가야만 한다. 그리고 이러한 지식을 뒷받침해줄 화석 발굴 작업이 의식적으로 이루어져야 한다. 마틴의 말처럼 우리는 우리가 어디에서 왔으며, 언제 어떤 생태적 상황에서 진화사를 시작했는지 확실히 알 수 있을 때에만 우리의 근원을 이해할 수 있을 것이다.

날개를 포기한 새들의 비극

초기의 모든 조류들은 하늘을 날 수 있었을 테지만, 그중 몇몇은 후일 나는 능력을 포기해버렸던 게 틀림없다. 타조들도 진화과정에서 날개를 짧게 퇴화시켰다. 멸종된 모아새의 운명을 떠올려보면 진화가 이들에게 치명적인 오류를 범한 것은 아닐까 하는 생각이 들 정도다.

모아새는 1300년경 뉴질랜드에서 멸종한 새로, 조류학자들과 분자유전학자들로 이루어진 국제 연구팀은 최근 모아새의 미토콘드리아에 저장된 유전자 게놈을 완전히 해독하는 데 성공했다. 그로써 분자생물학자들은 다시 한 번 진화사의 창문을 열었다. 모아 게놈의 발견 덕분에 전체 타조의 친척 관계에 대한 지금까지의 생각들이 수정되고, 모아새, 그리고 모아새와 마찬가지로 날지 못하는 키위새가 어떻게 뉴질랜드에 정착할 수 있었느냐 하는 질문에 답을 할 수 있게 되었다. 모아새, 키위새, 타조의 게놈에 대한 이 광범위한 데이터는 공룡이 아직 멸종하지 않았던 백악기 말, 원시 대륙 곤드와나의 범상치 않은 세계를 엿볼 수 있게 해준다.

날지 못했던 큰 새로는 키가 5m까지 자라는 뉴질랜드의 모아새 외에도, 마다가스카르 섬에 서식했던 키 3m에 몸무게 약 500kg의 거대한 타조들이 있었다. 그들의 알은 길이 35cm에 알 무게만 10kg에 육박했다. 마다가스카르의 큰 타조는 17세기 중엽에 들어서 멸종했다. 마다가스카르의 타조와 뉴질랜드의 모아새는 오랫동안 키위새의 가장 가까운 친척으로 여겨져 왔다. 모아새는 비록 멸종했지만 숲에 사는 야행성 키위새—뉴질랜드의 상징동물이기도 하다—는 뉴질랜드라는 고립된 섬에서 꿋꿋이 살아남았다.

앨런 쿠퍼에 의해 새로운 주목을 받기 전까지 모아새의 커다란 뼈대는 세계 곳곳의 수많은 박물관에 먼지를 뒤짚어 쓴 채 방치되었다. 앨런 쿠퍼는 3,000년 된 모아새의 뼈에서 유전자를 얻는 데 성공했다. 마른 동굴 안에 자연스럽게 미라화되어 있던 모아새의 사체를 발견한 것이다. 발견된 모아새의 뼈에는 민감한 뉴클레인산[35]이 그대로 보존되어 있었다. 1992년 당시 웰링턴 대학에 몸담고 있던 쿠퍼는 모아새의 미토콘드리아에서 DNA의 작은 단편을 분리하고 유전자 시퀀스를 정했다. 그러나 이런 단편만으로는 확실한 DNA 분석이 불가능했다. 쿠퍼는 더 확실한 자료를 찾아 나섰다.

쿠퍼가 모아새에 천착한 본래 목적은 타조의 친척 관계를 밝히기 위한 것이었다. 현재 지구상의 타조는 여남은 종에 불과하지만 그 친척 관계에 대해서는 오래전부터 의견이 분분했다. 동물학자들은 모아새가 아프리카 타조, 남아메리카 대초원의 타조, 그리고 호주의 주금류인 큰화식조[36]나 에뮤 등과 가까운 친척이라고 보았다.

35) 핵단백질의 하나. 단순 단백질과 핵산이 결합된 것으로, 성질·상태·구조 따위가 일정하지 않다.

36) 키 1.5 m, 몸무게 59kg으로 현존하는 조류 중에서 타조 다음으로 크다. 뉴기니 섬과 오스트레일리아 북동부의 열대다우림에 서식한다.

타조는 두개골 구조—파충류 특징을 보이는 입천장—를 비롯해 빗 모양의 흉골이 부재한다는 점에 근거해 '주금류(Ratiten)'로 분류되며 조류의 고대적 견본으로 여겨졌다. 타조의 연대와 근원에 대해서 학자들은 언제나 격렬한 토론을 벌여왔다. 타조는 일련의 다른 조류들과 척추동물의 분자유전학적 연대를 정하는 데 있어 그 기준으로도 사용되기 때문이다. 일부 연구자들은 주금류(Ratite)의 조상이 5~6천만 년 전에야 등장했다고 보았던 반면, 다른 학자들은 타조를 계통사적인 원시 동물로, 8천만 년보다 더 오래전에 살았던 것으로 추측했다. 하지만 이 시대에 속하는 뚜렷한 화석 발굴물이 부재했기 때문에 그것은 둘 다 그저 추측에 불과했다. 확실한 것은 모아새와 키위새가 고립된 뉴질랜드에 살았기 때문에 호주의 유대동물과 비슷하게 다른 동물과의 경쟁이나 포유동물의 공격에서 비교적 안전했다는 사실이다. 그리하여 뉴질랜드의 모아새는 11종이 넘게 분화될 수 있었다. 모아새의 개체 수는 뉴질랜드에 인간(마오리족)이 거주하기 시작하면서 급격히 줄어들었고 결국은 멸종했다. 그러나 모아새가 실제로 마오리 족의 사냥으로 인해 멸종했는지, 아니면 다른 요인으로 인해 이미 어느 정도 막다른 골목길에 들어서 있었는지는 확실하지 않다.

앨런 쿠퍼 팀은 멸종된 두 모아새 에뮤스 크라수스 Emeus crassus와 디노르니스 기간튜스Dinornis giganteus

의 미토콘드리아에서 16997개의 염기쌍으로 배열된 게놈을 추출해 분석했다. 또한 마다가스카르에서 멸종된 큰 타조의 뼈에서 추출해낸 1,000개의 염기쌍을 포함한 유전자 시퀀스를 작성하여 오늘날 생존하는 모든 타조들의 유전자와 비교했다. 그 결과 키위새는 기존의 생각과는 달리 모아새와 그리 가까운 친척이 아니었음이 밝혀졌다. 뉴질랜드의 키위새는 오히려 호주의 에뮤나 아프리카의 타조들과 더 가까웠다. 그에 반해 모아새는 아주 일찍이 이런 오래된 주금류들에게서 갈라져 나왔던 것으로 드러났다. 가장 처음 갈라져 나왔던 종은 남아메리카의 난두Nandu와 레아Rhea다. 그들의 조상은 훨씬 더 앞서—아마도 약 9천만 년 전에—남쪽 대륙에서 나머지 타조들로부터 고립되었던 것이 틀림없다.

모아새의 이런 가족사 뒤에는 살아 움직이는 지구사의 한 막이 숨어 있다. 오늘날 생물지리학자들과 지질학자들은 대서양이 약 1억 2천만 년 전에 아프리카 대륙과 남아메리카 대륙 사이에서 남쪽으로부터 열리기 시작했던 것을 알고 있다. 이렇게 열린 부분은 지구사가 진행되면서 판 구조지질학적인 과정에서 마치 지퍼처럼 점점 더 북쪽으로 밀고 올라갔다. 대서양은 중생대에 이르러 점점 대양의 모습을 갖추어

키위새. 진화과정에서 날개가 퇴화되었다.

갔고, 이전에 남쪽에서 곤드와나라는 이름의 큰 대륙으로 연결되어 있던 땅들은 점점 더 멀어져 갔다. 지질학자들은 아프리카와 남아메리카가 마지막으로 육지로 연결되어 있었던 때는 8천만 년 전 정도이며, 그 후 두 대륙의 육지에 사는 동물들은 최종적으로 서로 갈라졌던 것으로 보고 있다.

남아메리카의 난두와 아프리카 타조도 그런 운명을 맞았던 것 같다. 최종적으로 대서양이 열리고 곤드와나 대륙이 갈라지면서 그들은 백악기(7천 3백만~7천 8백만 년 전)에 서로 접촉을 잃었다. 새로운 대양을 사이로 갈라진 많은 다른 동식물처럼 타조들은 각각의 대륙에서 아주 상이한 진화적 운명을 겪었다. 오늘날 그들의 유전자에 반영되어 있는 것처럼 말이다. 갈라진 대륙 위에서 타조의 진화노선들은 계속적으로 서로 분리되었다. 마다가스카르의 큰 타조뿐만 아니라 모아새의 조상도 그중에 있었다.

연구 결과대로 모아새와 키위새가 기존의 인식과는 달리 그리 가까운 친척이 아니라면 이들은 서로 독립적으로 뉴질랜드 섬에 정착했던 것으로 보인다. 날 수 있는 능력도 서로 독립적으로 잃어버렸을 것이다. 모아새는 약 8천만 년 전, 키위새는 약 6천 5백만 년에서 7천 2백만 년 전쯤에 뉴질랜드에 정착한 것으로 추측된다. 키위새들은 뉴질랜드에서 풍부한 동식물계로 가득찬 '노아의 방주'를 발견했다. 당시의 키위새는 아마도 날 수 있는 능력을 가지고 있었을 것이고, 날아서 뉴질랜드에 도착했을 것이다. 그리고 이전의 모아새들이 그랬듯 경쟁자가 없는 뉴질랜드 땅에서 곧 그 능력을 곧 잃어버렸을 것이다. 어쩌면 호주와 뉴질랜드 사이에 있었던 땅의 다리— 땅으로 연결되어 있었다—가 이들 두 동물들이 뉴질랜드 섬으로 건너가는 것을 가능케 해주었을지도 모른다.

쿠퍼 팀은 또한 마다가스카르의 큰 타조도 약 8천만 년 전 곤드와나 대륙의 동쪽으로부터 오늘날 가라앉은 케르겔렌 고원을 거쳐 마다가스카르 섬에 도착했을지도 모른다고 생각한다. 이에 따르면 마다가스카르의 큰 타조들은 아프리카가 아니라 오늘 날의 호주에서 넘어온 것이 된다. 쿠퍼는 이들이 곤드와나 대륙의 분열 후에 북쪽으로 표류하는 땅을 타고 마다가스카르 섬에 도착했다고 보고 있다. 그 와중에 이들도 곧 나는 능력을 상실했을 것이다. 그러는 동안 뉴질랜드에서는 인간이 유입해온 쥐나 강아지 등의 포유류들이 키위새를 비롯한 여러 조류들을 멸종의 위기로 내몰았다. 결과적으로, 날개의 퇴화와 나는 능력의 포기는 생존에 그리 유리한 진화가 아니었다. 날개를 폐기했던 조류들은 자연에 의해 벌을 받는 듯하다. 그 즉시는 아니었지만 말이다.

또 하나의 도도새 큰바다쇠오리

큰바다쇠오리는 크게 알려지지 않은, 독특한 바다쇠오리과에 속한다. 바다쇠오리는 트로텔루메Trottellumme, 토르달크Tordalk, 그릴테이스테Gryllteiste 등이 있는데, 멸종한 큰바다쇠오리는 바다쇠오리과 중에서도 유일하게 날지 못하는 종이었다. 큰바다쇠오리Pinguinus impennis는 19세기까지 북대서양의 외딴섬에서 어렵지 않게 볼 수 있는 동물이었다. 그러나 이들의 고기와 기름, 깃털을 탐내는 사람들에 의해 무분별하게 포획되어 1844년에 이르러 완전히 멸종하고 말았다. 큰바다쇠오리는 모리셔스 섬의 도도새[37]와 비슷하게 인간이 자연을 어떻게 다루는지를 보여주는 슬픈 상징이며, 바다새 개체군이 직면한 위험에 대한 경고등이다.

진화생물학자들에게 큰바다쇠오리는 특별한 동물이다. 남반구의 펭귄과 비슷한 75cm 크기로, 북대서양에서 펭귄의 생태학적 지위를 차지했던 이들은 작고 뭉툭한 날개를 가진 날지 못하는 새였다. 땅 위에서는 행동이 굼떴지만 물에서는 능숙하게 헤엄을 쳤고 물고기 사냥에 매우 능했다. 큰바다쇠오리가 어떻게 이렇게 혼합된 특성—서로 전혀 가깝지 않은 동물의 신체구조상의 특성이 병렬적으로 나타나는 것—을 갖게 되었는가는 다윈 때부터 동물학자들의 수수께끼였다. 그럼에도 불구하고 이

37) 인도양의 모리셔스 (Mauritius) 섬에 서식했던 새이다. 수많은 개체가 살고 있었으나 인간이 모리셔스 섬에 발을 들여 놓은 지 100년 만에 모두 멸종되었다.

바다새의 계통사적인 특성은 오랫동안 밝혀지지 않았다.

바다쇠오리는 오리와 비슷한 독특한 바다새로 대부분 희고 검은 깃털을 가지고 있으며, 튼튼한 목과 짧고 얇은 날개, 뒤쪽으로 치우친 두 다리를 지니고 있다. 윙윙 소리를 내며 날아다니는 바다쇠오리의 모습은 다른 새에 비해 그다지 멋져 보이지 않는다. 옆쪽으로 한참 벌어져 있는 커다란 발로 엉거주춤 착륙하는 모습은 마치 코믹 영화의 한 장면 같기도 하다. 바다쇠오리는 청어, 까나리, 대구처럼 무리지어 다니는 물고기들과 작은 갑각류들을 잡아먹고 산다. 뒤쪽으로 치우친 다리 덕분에 어느 정도는 곧추 서서 뒤뚱뒤뚱 걸을 수 있다. 이들은 주로 가파른 비탈이나 바위벽의 좁은 추녀 위에서 무리를 지어 부화를 한다. 서양배처럼 생긴 알은 가파른 둥지에서도 쉽사리 굴러 떨어지지 않는다. 바다쇠오리과에 속한 동물은 모두 22종으로 주로 북대서양과 북태평양 인근에 서식하고 있다. 대부분 북쪽 바다 연안에서 알을 품으며 독일 지역에서는 북부 해안 지방이나 발트 해에 면한 북동부 연안에서 가끔 볼 수 있다. 독일 북부의 헬골란트 섬에서도 상당한 개체 수를 볼 수 있다.

큰바다쇠오리는 핑구이누스pinguinus라는 학명에서도 볼 수 있듯이 오랫동안 '펭귄'으로 여겨져 왔다. 이 이름이 애초에 어디서 연유했는지에 대해서는 논의가 분분하다. 포르투갈과 스페인의 탐험가들과 선원들이 라틴

어의 'pinguis(지방, 기름진)'이라는 말에서 따서 지은 이름일 수도 있다. 바다쇠오리의 피하에는 두꺼운 지방층이 있어 그 옛날 북대서양을 항해하던 유럽 선원들에게 별미가 되어 주곤 했다. 선원들은 바다를 항해하다가 배 주위에서 물고기를 사냥하는 큰바다쇠오리가 보이면 자신들이 뉴펀들랜드뱅크의 물고기 많은 지역에 도달했음을 알았다.

연안의 가파른 섬에 둥지를 트는 이 둔한 새들은 선원들에게 신이 내린 선물이나 다름없었다. 큰바다쇠오리들은 날지도 못하고 굼떴으므로 선원들에게 쉽게 잡혔다. 프랑스의 항해가이자 탐험가로, 캐나다의 퀘벡을 최초로 발견한 자크 카르티에는 1534년 뉴펀들랜드 연안 앞의 펑크 섬에서 알을 품는 다수의 큰바다쇠오리를 목격했다. 선원들은 이들을 모조리 포획하여 선박으로 운반한 후, 기름진 고기로 배를 채웠다. 먹고 남은 것은 소금에 절여 저장했다.

큰바다쇠오리는 이렇게 목숨을 바쳐서 유럽인들의 북아메리카 이주를 도왔다. 사람의 거주지가 다양한 지역으로 확산되고 심지어는 외진 극지방까지 이르게 되면서 큰바다쇠오리의 개체 수는 계속해서 줄어들었다. 1844년 아이슬랜드 앞 쪽의 엘데이 섬에서 알을 품고 있던 최후의 한 쌍이 결국 죽음을 맞았다. 이 마지막 쌍은 레이캬비크의 약국에 넘겨져 그곳에서 박제로 만들어졌다.

오늘날 세계의 여러 박물관에는 큰바다쇠오리 가죽 80
점과 알 75점이 소장되어 있다.

얼마 전 노르웨이의 조류학자 트룰스 모옴을 위시한
분자생물학자 팀이 큰바다쇠오리를 다시 '소생'시켰다.
연구자들은 1821년에 포획당해 현재 레이캬비크의 자연
사 박물관에 소장되어 있는 바다쇠오리의 가죽에서 DNA
를 분석하기에 충분한 조직을 찾아냈다. 이 불쌍한 큰바
다쇠오리는 채집의 목적에서 포획당한 것이 틀림없었다.
죽자마자 곧바로 냉각되고 가죽이 벗겨진 채 소금에 절여
졌기 때문이다. 덕분에 분자유전학자들은 오늘날 3mm
크기의 꼬리깃과 무게 4mg의 가죽으로부터 총 4,200쌍
의 염기를 얻을 수 있었다. 연구자들은 이를 대서양에 서
식하는 바다쇠오리 종들의 DNA 시퀀
스와 서로 비교했고, 그로부터 친척
관계의 다이어그램을 얻을 수 있었다.
그에 따르면 큰바다쇠오리와 가장 가
까운 친척은 오늘날 대서양 일대에 서
식하고 있는 토르달크다.

물고기를 사냥하던 큰바다쇠오리
가 놀랍게도 40cm 정도의 중간 크기
인 토르달크와 조상이 같았다. 즉, 그
들은 모두 플랑크톤을 먹고 사는 크
라벤타우처Krabbentaucher(바다쇠오

북극의 펭귄으로 불렸던 큰바다쇠오리.

리의 일종)의 후손이었다. 20cm쯤으로 불가사리 정도의 크기에 불과한 크라벤타우처는 바다쇠오리를 비롯한 여러 바다새 중에서도 가장 작은 종에 속한다. 대서양의 바다쇠오리는 크기 면에서 서로 차이가 많이 나게 진화를 거듭했던 것 같다. 이렇게 신체 크기가 다름을 통해 그들은 경쟁을 하지 않고 먹이 스펙트럼의 서로 다른 영역을 활용할 수 있었다.

큰바다쇠오리는 능숙한 물 밑 사냥꾼으로서 남극 지역의 펭귄과 비슷한 진화과정을 겪었다. 북대서양과 북극의 차가운 물에서 살아남기 위해 남극의 펭귄처럼 두꺼운 피하지방층을 소유하게 된 것이다. 특기할 만한 것은 큰바다쇠오리의 몸집이 대서양에 서식하는 다른 바다쇠오리 친척들의 두 배—그로써 커다란 고기를 잡아먹었다—에 달했다는 점이다.

하지만 신체 사이즈가 커짐과 더불어 큰바다쇠오리는—펭귄과 비슷하게—비행 능력을 상실했다. 물 밑에서 능숙하게 사냥할 수 있는 능력과 날 수 있는 능력을 동시에 유지할 수는 없었기 때문이다. 펭귄과 비교할 때, 현재의 바다쇠오리들은 두 가지 능력을 동시에 지닌 절충형인 것으로 보인다. 예외는 큰바다쇠오리 뿐이다. 남극 지역에서는 총 6속에 이르는 날개 짧은 펭귄이 탄생했는데 왜 북대서양에서는 큰바다쇠오리 한 종만이 더 큰 몸집으로, 비행 능력을 상실하는 방향으로 진화했던 것일까.

생물학자들도 아직 이 점에 대해선 밝혀내지 못했다.

　도도를 연상시키는 큰바다쇠오리의 슬픈 운명은 우리에게 두 가지 사실을 알려준다. 하나는 큰바다쇠오리가 인간의 무분별한 자연 파괴에 대한, 특히 섬의 개체군이 생태계의 방해에 얼마나 민감하게 반응하는가에 대한 고전적인 예라는 점, 다른 하나는 분자생물학자들이 대서양 바다쇠오리의 친척 관계를 규명함으로써 남극의 펭귄과 큰바다쇠오리 핑구이누스의 의미심장한 수렴진화[38] 현상을 밝혀냈다는 점이다.

38) 서로 다른 두 종의 생물이 진화를 통해 서로 가깝게 닮는 현상.

베일에 싸인 거대 두족류 '알키튜더스'

오늘날의 우리는 달에도 가고 태양계의 끄트머리까지 탐사선을 보내기도 한다. 그러나 'inner space', 즉 저 빛 없는 광활한 심해에 관해서는 아는 것이 그다지 많지 않다. 아주 드물게 이루어지는 탐험을 통해 심해 생물들의 삶을 일부 조명해볼 뿐이다. 확실한 인식이 드문 곳에는 판타지만 무성해지는 법이다. 심해 속 동물에 관한 판타지도 마찬가지다. 동화나 전설 속에 종종 등장하는 무시무시한 바다 괴물의 정체는 사실 대왕오징어라 불리는 거대 두족류 알키튜더스Architeuthis였다.

연체동물 문(Stamm) 즉, 달팽이나 조개류 같은 다른 연체동물들과 가까운 친척인—에 속하는 이 대왕오징어는 심해의 가장 거대하고 가장 수수께끼 같은 거주민이다. 대왕오징어는 많은 책과 영화에 등장하는데 쥘 베른의 『해저 2만리로』부터, 허만 멜빌의 『백경』, 빅토르 위고의 『바다의 노동자』, 영화 「Biest」에 이르기까지 많은 작품들이 이 전설의 바다 괴물을 소재로 하고 있다. 그중 빅토르 위고는 심해의 무시무시한 대왕오징어를 두고 '의지를 가진 흐늘거리는 물건', '증오로 점철된 점액질'이라고 표현하기도 했다. 그리스인들에게 두족류의 살은 최음성이 있는 것으로 여겨졌고, 일본에는 여러 개의 팔로 인간을 음탕하게 희롱하는 두족류의 목상도 있다.

생물학자들은 오래전부터 거대 두족류에 대한 사실과 전설을 구분하고자 애써 왔다. 연체동물계의 리바이어던Liviathan이라 할 수 있는 이 거대 두족류들은 실제로도 환상을 자극하기에 충분할 만큼 당황스럽고 기괴한 모습을 지녔다. 하지만 학자들은 죽어가고 있거나 이미 죽은 거대 두족류를 본 적은 있어도 생생하게 살아 있는 거대 두족류를 본 적은 없었다. 생물학자들이 자연적인 서식 공간에서 거대 두족류를 관찰하기란 하늘의 별따기만큼 어려운 일 중의 하나다. 영국의 두족류연구가 말콤 클라크도 일생 동안 알키튜더스의 생활을 관찰해보고자 노력했지만 헛수고였다. 동료들 사이에서 '캡틴 비크 Captain Beak' 라는 애칭으로도 불렸던 클라크는 수십 년간 거대 두족류 알키튜더스를 추적했다. 클라크는 포경선의 선장과 항구 검열관으로 일하면서 죽은 고래의 배속에서 거대 두족류의 잔여물을 수색했고 앵무새와 비슷한 그들의 입을 연구했다. 오세아니아 두족류에 대해 밝혀진 몇몇 정보들은 그런 발견에 근거한 것이다.

세팔로포드Cephalopod라고도 불리는 두족류에는 두 가지 형태가 있다. 8개의 다리를 지닌 문어와 10개의 다리를 지닌 오징어다. 다리가 여덟 개인 문어 중에도 1~2m 크기의 거대한 것들이 있지만, 전설이나 동화에 등장하는 거대한 두족류는 대부분이 대왕오징어 알키튜더스다.

알키튜더스는 해저 동물 중에서도 단연 거대한 동물

뉴질랜드 인근에서 잡힌 알키튜더스.

에 속한다. 몇몇 고래만이 알키튜더스보다 더 큰 몸집을
지녔을 뿐이다. 접시처럼 큰 눈의 지름만 해도 25cm에
달하고 몸 길이는 18m, 여덟 개의 다리와 두 개의 촉완
은 각각 10~12m에 이른다. 나머지 신체부위도 다들 큼
직하다. 알키튜더스의 수많은 흡반에는 키틴질의 섬세
한 이빨 화환이 둘러져 있고 대왕오징어는 그것으로 노
획물을 더 잘 포착할 수 있다. 먹이를 잘게 쪼개기 위해
15cm까지 솟아나온 입은 앵무새의 부리를 닮았다.

　신체 각 부분의 측정치가 그렇게 어마어마한 반면 심
해의 대왕오징어에 대한 지식은 아주 빈약한 편이다. 오
랫동안 사람들은 그런 거대 오징어를 우화적 존재로만,
선원들이 그럴 듯하게 꾸며낸 이야기로만 여겼다. 고래

잡이들은 향유고래의 배 속에서 이런 거대 두족류의 입을 발견하곤 했다. 이따금 향유고래의 피부에는 접시만 한 흉터가 나 있는 경우도 있었는데, 선원들은 대개 이 흉터를 대왕오징어와의 격렬한 싸움 끝에 대왕오징어의 흡반이 남긴 상처라고 생각했다. 그러나 알키튜더스의 흡반은 촉완 끝에 있는 것만 지름이 5cm를 넘을 뿐, 대부분 3cm를 넘지 않는다. 팔과 촉완의 흡반은 2열, 혹은 4열로 배열되어 노획물을 치명적으로 감싸 안을 수 있다.

심해 두족류에 대한 생물학적 데이터들은 대부분 좌초된 대왕오징어로부터 연유한다. 대왕오징어가 발견된 곳이나 관찰된 곳을 지도에 기입해보면 심해 오징어는 북반구나 남반구의 차가운 물을 선호한다는 것을 알 수 있다. 그들은 아마도 그곳의 300~1,000m 깊이의 수심 속에서 서식하는 곳으로 추측된다. 좌초되거나 포획된 대왕오징어 덕분에 사람들은 그 신체구조를 비교적 잘 알게 되었지만 생물학적인 특성에 대해서는 여전히 무지하다. 우리는 대왕오징어가 무엇을 먹고 사는지도 확실히 모른다. 좌초된 대왕오징어의 배 속은 대부분 텅 비어 있었거나, 형체를 알 수 없는 액체화된 소화물들로 가득 차 있었다. 이 거대한 두족류가 깜깜한 심해에서 가만히 숨어서 먹잇감을 기다리는지, 아니면 빠르게 움직이면서 사냥을 다니는지, 대부분의 두족류처럼 수명이 3년밖에 되지 않는지, 아니면 이들이 소위 심해의 므두셀라[39]

39) 성서에 등장하는 가장 오래 산 인물로 무려 969년을 살고 죽었다고 기록되었다.

226

인지, 진짜로 개체 수가 적은지, 아니면 저 밑에 수백만 마리의 거대 오징어가 숨어 있는지 아직도 모든 게 수수께끼다.

미국의 두족류연구가 클라이드 로퍼는 1997년 이런 해묵은 의문들을 확인해보고자 아주 고비용의 탐험을 계획했다. 내셔널지오그래픽사가 알키튜더스 추적을 위한 재정을 담당했다. 로퍼 팀은 뉴질랜드 연안의 카이코라 협곡Kaikoura Canyon으로 배를 몰았다. 그곳에서 심해 두족류가 여러 번 그물에 걸렸기 때문이었다. 이 해구는 향유고래들의 접선 지점으로 선호되는 곳이기도 했다. 하지만 심해로 늘어뜨린 카메라에도, 고된 노력 끝에 향유고래의 등 위에 설치한 카메라에도 심해를 수영하거나 향유고래와 싸우는 대왕오징어의 모습은 잡히지 않았다. 수백만 달러가 투자되었건만 말이다.

그러던 중 최근 별로 비용을 들이지도 않은 상태에서 아주 우연하게, 그리고 그만큼 아주 당황스럽게 대왕오징어가 기괴한 짝짓기 행동을 한다는 것이 발견되었다. 학자들은 알키튜더스의 수컷들이—다른 많은 두족류들처럼 교미를 하는 도구로서의 진짜 페니스가 없이—두 팔을 짝짓기 기관으로 변형시킨다는 것을 알고 있었다. 보통의 경우, 두족류 수컷은 짝짓기를 하는 동안—알키튜더스의 경우 흡반 대신 두 줄로 배열된 돌기를 가지고 있는—교접완을 암컷의 외투강 속으로 들여보낸 후 정포를 목표 지점, 즉 암컷의 수정낭 가까이로 보낸다.

그에 반해 알키튜더스는 틀림없이 다른, 덜 '감정이입적인' 테크닉을 사용하는 듯했다. 최근 오세아니아의 태즈메이니아 연안에서 그물에 걸린 15m 길이의 암컷 대왕오징어는 입에서 약 80cm 떨어진 아래쪽 다리의 피부 두 군데에 약 1cm 크기의 상처들이 나 있었다. 연구자들은 그 밑에서 상처로부터 튀어나와 있는 정포를 발견했다. 수컷이 이 11~20cm 길이의 정포를 암컷의 피부 밑에 주사했던 것이 틀림없었다. 암컷의 피부 상처와 그 아래의 조직을 더 정확하게 분석하자 추가로 세 개의 정포가 더 발견되었다. 하나 혹은 여러 마리의 수컷이 교합 동안에 그곳에 정포를 보관해 놓았던 것으로 보였다.

외투강 등 특별한 정낭이나 생식강 같은 곳에 수개월 동안 정자를 저장하는 다른 두족류들과는 달리 알키튜더스는 의도적으로 암컷의 피부 바로 밑에 직접 정포를 주입하는 모양이었다. 이 발견 후로 두족류연구가들은 심해 대왕오징어의 수컷들이 입 혹은 흡반으로 짝짓기 파트너의 피부에 작은 상처를 내고 그 안에 정포를 보관시키는 것으로 생각하고 있다.

1950년대에 노르웨이 연안에서 잡힌 수컷 알키튜더스는 또 하나의 추측을 가능케 한다. 이 수컷 알키튜더스는 특이하게도 다리와 외투막 아래에 여러 개의 정포를 지니고 있었다. 이 사례는 심해의 어둠 속에서 짝짓기를 하는 알키튜더스들이 가끔씩 실수를 저지르는 것은 아닐까 생각하게 만든다. 암컷을 두고 교미 경쟁을 하던 두 마리의 수컷이 급한 나머지 다른 수컷의 다리에 정포를 주입했을 수도 있다. 전투에 바빠 암컷에게 정포를 주입하지 못하고 스스로 자신의 다리 속에 사정을 했을 수도 있다. 후일을 위해 자기 몸에 보관해두는 식으로 말이다. 팔이 여러 개 달린 오징어의 교미를 생각할 때 이 두 가지 상상은 그리 터무니없지만은 않다.

앞서 언급한 태즈메이니아의 암컷 대왕오징어는 무게 3kg에 외투강의 20%를 차지하는 난소를 가지고 있었기 때문에 성적으로는 아직 미성숙한 상태였다. 이렇게 볼 때 피부 아래서 이루어지는 대왕오징어의 짝짓기 방법은 번식에 유리한 방법임에 틀림없다. 깜깜한 심해에서 짝짓기 파트너를 만나는 일이란 쉽지 않은 일이기 때문이다. 아직 성적으로 성숙하지 않은 암컷의 경우에는 교미 후 난자를 수정시킬 수 있을 때까지 이런 식으로 오랫동안 정자를 보관해두는 듯하다. 피부 아래에 저장되어 있던 정자들이 어떻게 암컷의 생식강으로 이동하여 난자에 도달하는지는 여전히 수수께끼다. 암컷이 입이나 흡반을 이용하여 정협을 덮은 피부를 벗겨내는지도 모른다. 정자들이 직접 피부를 통과하여 난자까지 도달할 가능성도 생각해볼 수 있다. 대왕오징어에 관한 많은 부분은 아직도 여러 가지 의문점에 휩싸여 있다.

수분을 위한 고도의 유혹술

'레이디킬러'라는 이름의 칵테일이 있다. 은은한 과일향이 알콜향을 희석시켜 목마른 여성들을 취하게 만든다는 데서 붙여진 이름이다. 동물의 세계에도 이와 비슷하게 유혹의 기술에 희생당하는 무리들이 있으니, 군것질 벽으로 말미암아 식물 번식에 기여하는 수많은 곤충들이 바로 그들이다. 몇몇 식물들은 정교하게 혼합된 향기 칵테일을 사용해 곤충들을 유혹하고 꽃을 수분시킨다.

거의 모든 식물들이 자신의 꽃을 수분시키기 위해 노력을 기울인다. 잔디나 자작나무, 전나무는 양으로 밀어붙인다. 알레르기 환자들에게는 고통스런 일이지만 그들은 다량의 꽃가루를 생산하여 바람에 흘려보내고 어딘가에서 그 꽃가루가 암술에 닿아 수정이 이루어지도록 하는 방법을 쓴다. 곤충을 수분에 이용하는 식물은 사랑의 파발꾼인 곤충에게 수고에 대한 보상을 제공한다. 꿀벌 심부름꾼들이 지치지 않고 비행을 계속할 수 있도록 달콤한 꿀을 제공하는 것이다. 또 다른 식물들은 저항할 수 없는 미모로 화분 전달자를 꽃봉오리로 초대한다. 이들은 화려한 색깔과 향기로 화분 전달자를 사로잡는다. 유럽에 널리 서식하는 난초과 식물인 거미난초Ophrys sphegodes도 그런 유혹술을 구사한다. 스웨덴의 자연연구가이자 생물계통학의 창시자인 카를 폰 린네는 1745

년에 이미 거미난초의 꽃잎이 특정한 꿀벌의 형태와 색깔을 모방한다는 것을 발견했다. 그러나 꽃잎의 매력적인 모습만으로는 곤충을 유혹하기에 충분하지 않다. 빈 대학의 플로리안 쉬스틀이 독일과 스웨덴의 동료들과 함께 발견한 바에 따르면 이 거미난초는 매혹적인 향기로도 안드레나 수벌을 유혹한다. 놀라운 것은 이 향기가 안드레나 암벌이 짝짓기를 위해 분비하는 분비물과 거의 똑같다는 사실이다. 즉, 거미난초는 모양과 냄새로 자신이 마치 교미 파트너인 것처럼 수벌을 속이고 꽃잎 침대로 유인한다. 수벌이 꽃잎을 암벌로 착각하고 교미하고자 꽃잎을 건드리는 과정에서 엉덩이에 난초 꽃가루를 묻히게 되고 그 꽃가루가 다른 꽃잎에 전달되어 수분이 되는 것이다.

거미난초의 향기는 밀랍과 비슷한 꽃술의 표면층으로부터 전달된다. 향기의 입자는 단일결합 형태의 탄화수소로 이루어져 있다. 연구팀은 이 향기를 화학적으로 분해하는 데 성공한 후, 안드레나 수벌들이 암벌들의 향기에 반응하는 것처럼 꽃향기에도 똑같이 반응한다는 것을 실험을 통해 증명해보였다.

거미난초는 수분을 위해 자신의 섹스어필을 믿는 동시에 '낯선' 향수를 뿌리는 것이라고 할 수 있다. 암벌이 풍기는 향기 칵테일은 15개의 탄화수소 화합물로 이루어져 있는데, 연구자들은 거미난초 꽃 추출물에서 이 중

14개를 찾아냈다. 이 화합물들은 자연계에서 흔히 찾아 볼 수 있는 물질이며 구성 역시 비교적 단순한 편이다. 때문에 이 물질이 식물과 벌에 똑같이 함유되어 있다는 사실은 그리 놀랍지 않은 일일지도 모른다. 놀라운 것은 거미난초의 꽃향기가 안드레나 암벌의 성유혹 물질과 똑같다는 사실이다.

학자들은 거미난초가 암벌의 향기를 소유하게 된 것은 우연한 돌연변이의 결과였다고 추측한다. 원래 그런 사슴 모양의 탄화수소는 꽃과 잎의 밀랍 같은 표면층에 함유되어 있으며, 그곳에서 수분의 증발을 최소화하는 역할을 한다. 연구자들은 이런 환경적 조건이 거미난초로 하여금 수분 매개자를 유혹할 수 있는 방향으로 돌연변이를 일으키게 한 것으로 보고 있다.

암벌과 비슷한 향기 칵테일을 사용하는 식물들은 다른 식물들보다 번식에 훨씬 유리할 수밖에 없다. 향기 혼합물이 더 비슷하고 더 매력적일수록 벌을 더 쉽게 유인할 수 있기 때문이다. 이런 성적 트릭을 통한 수정은 일단 시작된 후 진화적으로 발전을 거듭하게 되었을 것이고, 더 많은 수벌들이 향기의 유혹을 받고 날아오게 되었을 것이다.

수분 매개자를 유혹하는 이런 트릭은 결코 거미난초에 한정되지 않는다. 유럽에서는 부지런한 벌이나 곤충들만이 수분 매개자로서 역할을 다하고 있지만, 열대의 식물들은 세련된 트릭으로 다소 엉뚱해 보이는 동물들까지도 자신의 품안에 불러들이고 있다. 대표적인 예가 바로 박쥐다. 일부 흡혈귀 소설에서 묘사되는 것과 달리 흡혈을 하는 박쥐들은 얼마 되지 않는다. 오히려 많은 박쥐들은 꿀로 배를 채우고, 그 과정에서 벌들처럼 수백 종의 식물들을 수분시키는 역할을 수행한다. 그리고 꽃들은 이 성실한 손님을 위해 최선의 준비를 한다.

독일 에를랑엔 대학의 다그마와 오토 폰 헬베르젠은 최근 코스타리카의 우림에서 열대 지방의 덩굴식물들이 얼마나 기막힌 방식으로 긴혀박쥐들을 유혹하는지 알아냈다. 야행성 박쥐들을 유혹하는 것은 일반적인 상식과 달리 향기나 색깔이 아니었다. 덩굴식물들은 오히려 꽃봉오리를 이용한 일종의 음향적 트릭을 사용했다. 이 덩굴식물들은 박쥐들이 이용하는 초음파를 반사해 되돌려 보내는 방법을 썼다. 에를랑엔의 학자들은 지금까지 알려져 있지 않던 이런 반사장치 효과를 증명하는 데 성공했다. 그들이 중부 아메리카의 반요식물[40] 무쿠나 홀토니Mucuna holtonii를 관찰해 발견한 바에 따르면, 이 식물의 다섯 개 꽃부리 중 꽃에 수직으로 이어져 있는 꽃부리— '깃발'이라고도 불린다—하나가 꿀을 찾는 박쥐들에게 중요한 비행도우미 역할을 한다. 약 2cm가량 되는 특별한 모양의 꽃부리 위쪽에는 작은 삼각형 모양의 오목한 곳이 있는데, 이 부분은 박쥐가 방향을 잡는 데 특

40) 덩굴손 따위로 다른 물건을 돌려 감으며 올라가는 식물. 등, 수세미, 오이 따위가 있다.

별히 중요하다. 헬베르젠 팀이 깃발의 이 오목한 부분을 솜으로 막았더니 박쥐는 곧 방향을 잃고 헤매었다. 평소에는 이 식물 봉오리에 박쥐가 찾아드는 비율이 66%에 달했는데, 솜으로 막은 꽃들로 박쥐가 찾아드는 비율은 17%에 불과했다. 솜을 통해 꽃 깃발이 차단되거나, 박쥐가 꽃 깃발과 너무 멀리 떨어져 있으면 박쥐의 소리가 제대로 반사되지 않는 것이 틀림없었다. 이때 박쥐들은 열대의 밤을 목적 없이 방황했으며 주어진 영양원이 보내는 소리를 듣지 못했다. 열대의 많은 꽃들이 박쥐에 의해 수분되기 때문에, 연구자들은 다른 식물의 경우에도 그런 음향적인 반사장치들이 동물들의 길을 알려주지 않을까 추측하고 있다. 식물들은 남의 도움을 빌려 번식하기 위해 다양한 방식으로 머리를 썼던 것이다.

아름다운 뿔을 가진 자만이 암파리를 얻는다

화려한 발을 지닌 동물이 고개를 쳐들고 숲 속 공터의 원형경기장으로 나온다. 그는 혼자가 아니다. 앞에 라이벌이 고개를 쭉 뺀 채 버티고 서서 뿔을 뻗치고 있다. 대적자들의 힘겨루기가 시작되고 암수 구분만큼이나 오래된 드라마가 진행된다. 동물들은 뿔을 서로 교차한 채 맞대고 밀며 강력히 저항한다. 다음 공격에 대비하여 더 좋은 위치로 이동할 때마다 날카로운 뿔이 번쩍하고 빛이 난다. 라이벌들은 전력을 다해 머리를 들이밀어 상대방을 밀치고자 하고, 다리로는 안정된 위치를 확보하고자 애를 쓴다. 이런 힘겨루기는 비록 몇 초밖에 걸리지 않지만, 적수들의 힘이 거의 대등하기 때문에 빈번하게 계속된다. 공간과 지위를 둘러싼 이들의 싸움은 결국 몇 분이 지나서야 결판이 난다. 패배한 자는 황급히 시합장을 떠난다. 긴 싸움의 보상은 만만치가 않다. 승리를 거둔 수컷은 구역을 차지하고, 짝짓기 파트너에 대한 자유로운 접근권을 부여받으며 그로써 자신의 유전적인 미래를 보장받는다. 암컷이 은밀하게 화복을 주관하는 세계에서 이것은 작은 보상이 아니다.

이 장면을 읽고 중부 유럽의 숲을 연상하는 독자들도 있겠다. 그러나 이들 싸움꾼은 발정난 붉은 사슴들이 아니다. 싸움터 역시 뉴기니 섬 열대우림 속의 쓰러진 통나무 위다. 이끼와 지의류[41]로 뒤덮인 그런 통나무 말이다. 그리고 구역과 암컷에 대한 권리를 차지하게 된 이 조용한 싸움의 승자는 바로—1.5cm도 채 되지 않는—사슴뿔파리 피탈미아 세르비코르니스Phytalmia cervicornis다.

날씬한 몸, 길고 가느다란 날개와 다리, 긴 자루가 달린 뒷몸은 맵시벌을 연상시키지만, 이들은 맵시벌과 전혀 관련이 없다. 과실파리과Tephritidae에 속한 사슴뿔파리는 몸집으로 따지자면 붉은 사슴에 밀리지만, 그 생물학적인 독특함으로 인해 곤충학자들에게는 붉은 사슴보다 더 특별한 존재다.

사슴뿔파리가 곤충학자들의 관심을 끄는 것은 형태의 기괴함 때문이다. 사슴뿔파리에게는 초파리과의 친척들과는 달리 머리에 이상 발육한 뿔이 달려 있다. 그들의 날씬한 몸집으로 미루어 볼 때 뿔은 수컷의 매력과 명예를 드러내는 하나의 도구인 듯 보인다. 노루나 붉은 사슴, 순록 등의 뿔이 앞이마 뼈에서 자라나고 일 년에 한 번씩 다시 자라는 데 반해 인도-말레이시아 군도에 서식하는 사슴뿔파리의 경우에는 뿔이 뺨으로부터 자라나고 일생 동안 유지된다. 길게 갈라진 뿔은 피탈미아 세르비코르니스의 커다란 겹눈 바로 밑에 달려 있다. 피탈미아 세르비코르니스와 더불어 뉴기니에 서식하는 피탈미아 알시코르니스Phytalmia alcicornis의 경우에는 친척들보다 약간 더 짧은 뿔을 가지고 있다. 대신 녀석의 뿔은

41) 은화식물의 하나. 균류와 조류의 공생체로 균류는 조류를 싸서 보호하고 수분을 공급하며, 조류는 동화 작용을 하여 양분을 균류에 공급한다. 나무껍질이나 바위에 붙어서 자라는데 열대, 온대, 남북 양극으로부터 고산 지대까지 널리 분포한다.

말코손바닥사슴Alces alces의 뿔처럼 뭉툭하고 넓은 삽 모양을 하고 있다. 사슴뿔파리의 뿔은 수컷에서만 찾아볼 수 있는 특징으로, 지금까지 알려진 여섯 종의 사슴뿔파리는 제각각 다른 모양의 뿔을 지니고 있다.

사슴뿔파리는 생활방식도 무척 독특하다. 특이하게도 이들은 썩어 있는 고급 나무들을 선호한다. 이를테면 멀구슬나무과에 속하는 마호가니나무 같은 것들이다. 썩은 나무가 그 독특한 향취로 파리들을 유혹하면 사슴뿔파리의 수컷들은 금새 그 나무 위로 날아들어 자기 구역을 구축하고 라이벌들로부터 그 구역을 방어한다. 나무 위로 날아든 암컷은 수컷들의 열렬한 구애를 받는다. 수컷과 짝짓기를 마친 암컷은 나무껍질 밑에 그들의 알을 보관한다. 뉴기니 섬에 살지 않는 유일한 사슴뿔파리인 피탈미아 몰드시Phytalmia mouldsi는 호주 케이프요크 반도 북쪽의 열대우림 지역에 서식하는데 오로지 디소실룸 가우디카우디아눔Dysoxylum gaudichaudianum 나무만을 애벌레를 위한 숙주로 선택한다. 애벌레는 아늑한 나무껍질 속에서 번데기가 되기까지의 3주 동안 내피의 썩은 조직을 먹고 살아간다. 애벌레는 곧 번데기가 되었다가 2주가 채 안 되어 파리로 거듭나고 다시 열대우림의 새로운 썩은 나무를 찾아 날아간다.

영국의 유명한 자연연구가 알프레드 러셀 월리스가 뉴기니 섬 북쪽의 쓰러진 열대 나무 위에서 이 특별한 사습뿔파리를 발견한 건 1800년대 중반의 일이었다. 월리스는 런던 왕립지리학회의 지원을 받아 1854년에서 1862년까지 싱가포르와 뉴기니 사이의 남동아시아에 체류했다. 영국으로 돌아온 그는 1869년에 「말레이 군도. 오랑우탄의 땅, 그리고 파라다이스의 새들」이라는 제목의 상세한 여행기를 남겼는데 거기에 사슴뿔파리에 대한 최초의 기록이 실려 있다.

그러나 이 책에서 월리스는 사슴뿔파리에 별 관심을 두지 않았다. 그저 지나가는 말로 혐오감을 섞어 언급했을 뿐이다. 그의 글에는 여행 중에 겪게 된 개인적인 사고 때문에 새로운 곤충들을 거의 발견하지 못한 아쉬움과 실망감이 깊게 배어 있다. 월리스는 1858년 3월 말 도리 항만, 즉 오늘날의 뉴기니 마노콰리 섬에 정박했다. 마노콰리 섬은 그 안에 서식하는 다양한 동식물 종으로 인해 오늘날까지도 생명의 보물창고로 여겨지는 거대한 열대 섬이다. 월리스 같은 자연연구가들에게는 인생에 단 한 번 뿐일지도 모를 영광스러운 체류가 될 것이었다. 그러나 월리스는 도착한 지 얼마 되지 않아 뉴기니 열대 우림에서 곤충을 잡다가 발목을 삐고 말았다. 게다가 열대 지방의 더운 기후에서 상처가 덧나자 몇 주일 동안 거의 걷지도 못하고 쉬어야 하는 형편에 처하게 되었다. 유럽인들의 발길이 거의 닿지 않았던 열대 섬의 동물계를 연구하고 그 동물들을 수집해 고국으로 보내고자 했던 월리스의 꿈은 난관에 부딪혔다. 위험을 무릅쓰고 세계의 끝을 향해 달려왔는데 이런 사고를 당하고 말다니. 월리스는 꼼짝도 못하고 작은 오두막에 갇혀 무기력함을 느껴야 했다. 하필이면 '지구의 어떤 곳보다 낯설고 새롭고 아름다운 생물들이 가득한' 땅에서 말이다. 월리스는 자신의 남은 생애 동안 이 곳에 올 기회는 두 번 다시 없을 것임을 알고 있었다. '아주 이상한 뿔이 달린 이상한 파리'에 대한 메모는 이 시기에 탄생했다. 월리스는 1858년 7월까지 체류하는 동안 총 4종의 사슴뿔파리를 수집했는데 그중에는 뿔이 몸체만큼이나 긴 피탈미아 세르비코르니스Phytalmia cervicornis도 있었고, 말코손바닥사슴과 비슷한 뿔을 가진 피탈미아 알시코르니스 Phytalmia alcicornis도 있었다.

월리스는 쓰러져 썩어가는 나무에서 그 파리들을 발견했고, 수컷들이 앞다리로 서서 머리와 머리를 맞대고 전형적인 포즈로 결투하는 모습을 메모했다. 훗날 집필한 여행기에는 실물 크기와 포즈를 보여주는 소묘도 덧붙였다.

같은 해에 월리스는 수집한 파리의 견본을 런던의 곤충연구가 윌리엄 윌슨 사운더스에게 보냈다. 그리고 윌리엄 윌슨 사운더스는 1859년 5월 곤충학회 모임에서 이 파리들을 그가 명명한 엘라포미아Elaphomyia속에 속하는 곤충들로 소개했다. 하지만 역사상의 수많은 발견자들처럼 사운더스도 불행한 운명에게 급습을 당했고, 사운더스와 월리스가 발견한 사슴뿔파리들은 가차 없는 용어 체계 규칙의 희생양이 되고 말았다. 사운더스는 운이 없었다. 그보다 한발 먼저 그 곤충의 이름을 지은 사람이 있었기 때문이다. 사운더스보다 한발 앞섰던 사람은 베를린 자연사 박물관의 큐레이터였던 독일의 곤충학자 아돌프 게르스트에커였다. 게르스트에커는 한 수집가로부터 뉴기니 섬에 서식하는 두 종의 파리를 확보했고, "한 마리의 경우는 마치 좌우로 펼쳐진 귀처럼 생겼고, 또 한 마리는 거의 사슴뿔같이 생긴" 그 이상한 부속물에 곧 주목했다. 그리고 1860년 6월, 〈스테틴 곤충학 신문〉에 몇몇 새로운 파리에 관해 40페이지에 달하는 논문을 발표했다. 사운더스가 새로 명명한 피탈미아라는 속에 속하는 뉴기니의 두 사슴뿔파리 메갈로티스와 세르비코르니스도 그중에 끼어있었다.

사운더스는 이런 사실을 전혀 인지하지 못했던 듯하다. 사운더스의 보고는 1861년 11월 4일에서야 런던 곤충학회의 〈트랜스액션즈〉에 실렸다. 이때가 엘라포미아 Elaphomyia라는 이름의 공식적인 발표일이 되었다. 따라서 게르스트에커가 그보다 일 년 앞서 사용했던 피탈미아Phytalmia가 동물학 전문용어 체계의 우선순위 규칙에 따라 더 우선권을 지니게 되었다. 이 이름과 함께 게르스트에커에 의해 서술된 뉴기니에 서식하는 두 종의 사슴

뽈파리의 견본은—아직도 베를린 자연사 박물관에 전시되어—파리에 대한 유효한 신원보증인으로 여겨지고 있다. 그리하여 사운더스는 새로운 곤충 속에 대해 최초로 학술논문을 발표하는—동시에 계통학자들 사이에서는 귀족의 지위에 오르는—명예를 박탈당했을 뿐 아니라, 월리스가 수집한 사슴뿔파리들도 소장품의 갤러리에서 거룩한 견본으로 등극하는 명예를 놓치고 말았다.

또 하나의 잘못은 월리스 스스로에게 있었다. 월리스는 1858년 뉴기니에서 사슴뿔파리를 통해 또 하나의 세기적 발견을 할 기회를 가지고 있었지만 그 기회를 잡지 못했다. 후일 '성적 선택'이라고 명명된 현상을 발견할 기회 말이다. 그리하여 월리스는 19세기의 가장 중요한 자연연구가이긴 하지만, '생물학의 뉴턴'인 찰스 다윈의 그늘에 가려져 영원히 2인자로 남게 되었다. 월리스는—다윈과 독립적으로, 또한 다윈과 동시에—자연선택, 즉 진화의 결정적인 메커니즘으로서의 환경을 통한 선택을 인식한 참이었다. 두 자연연구가는 1859년에 자연선택 이론을 발표하여, 19세기 중반에 무르익었던 모든 생물의 공통 유래와 종의 점차적인 변화에 대한 확신에 물꼬를 텄다. 게다가 월리스는 인도-말레이시아 군도 지역의 관찰을 통해, 동식물의 확산을 규정하고 설명하는 생물학 분야인 생물지리학의 창시자가 되었다.

월리스는 창의적인 사상가이자 연구가였지만 사슴뿔

파리들이 왜 그 기괴한 머리 장식을 갖게 되었는지에 대해선 의문을 품지 않았다. 월리스는 자신의 글에서 사슴뿔파리의 수컷만이 뿔을 가지고 있다는 것을 언급했을 뿐, 그 원인을 추적하고자 하지는 않은 것이다. 이 '사치스런 부속물'을 둘러싼 여러 가지 수수께끼가 오늘날까지도 후대 행동학자들과 진화생물학자들을 흥분시키고 있음에도 말이다.

사슴의 뿔과 피탈미아 파리의 뿔은 비슷한 구조를 지니고 있다. 자연은 이 사례를 통해 우리에게 같은 목적 즉, 의식화된 싸움에 쓰이는 비슷하지만 서로 독립적인 고안에 대한 전형적인 예를 보여준다. 그러나 삽 모양의 넓은 뿔을 가진 피탈미아 알시코르니스를 제외한 다른 사슴뿔파리들은 힘겨루기에서 뿔 자체를 사용하는 것이 아니라 머리의 앞부분을 사용한다. 그렇다면 왜 이런 거추장스러운 뿔이 생겨났을까? 다윈의 생존 경쟁 이론에 따르자면, 사슴의 뿔이나 공작과 극락조의 긴 꼬리깃에서 살펴볼 수 있는 신체의 이상한 부속물들은 오히려 수컷에게 단점만을 가져다주는 것이 아닐까?

다윈은 1871년에 펴낸 그의 책 『인간의 기원과 성적 선택』에서 이런 기이한 부속물을 두고, 암컷이 심사위원이자 1등 상품이 되는 시합에 나가기 위해 필요한 동물적인 트로피 같은 것이라고 설명했다. 다윈은 동물의 세계에서 암컷과 짝지을 기회가 모든 수컷에게 동일하게 부여되는 것이 아님을 인식하고 있었다. 가장 힘이 센 수컷이 유리하다는 것을 말이다. 그러나 힘센 자가 늘 이기는 법은 아니다. 자연은 대개 암컷에게 파트너 선택의 고통을 위임한다. 다윈은 이것이 바로 공작의 꼬리가 그렇게 화려한 이유이며, 사슴뿔이 그렇게 장관을 이루는 이유이고, 파리에서 새들까지, 물고기에서 개구리까지, 심지어 인간까지 망라하여 수컷들이 그렇게 다양한 모습으로 자신을 치장하는 이유라고 보았다. 암컷에 의한 성적 선택이 비로소 수컷들을 마초로 만들고, 암컷을 차지하고 경쟁자를 물리치기 위해 끝없이 자기과시를 하게 만든다는 것이다.

다윈의 '성적 선택 이론'은 아직까지도 의견이 분분하기는 하지만, 월리스와 함께 공동으로 주창한 '자연선택 이론'에 뒤이어 매우 설득력 있는 진화의 법칙으로 정립되었다. 환경—가령 기후, 질병, 적—은 생존 경쟁의 한가지 측면일 뿐이며, 또 다른 부분은 짝짓기라는 것이다. 번식의 성공은—자연에서 결국 가장 중요한—많은 부분 수컷이 암컷에게 자신을 얼마나 잘 세일즈(sales) 할 수 있는가에 달려 있다. 이런 보편적인 현상을 다윈의 동시대 학자들도 모를 리 없었다. 그러나 알프레드 러셀 월리스는 뉴기니의 사슴뿔파리에서만 암컷 선택의 원칙을 떠올리지 못한 것이 아니었다. 그는 일생 동안 암컷을 통한 성적 선택이라는 다윈의 생각에 동조하지 않았다. 월리스는 암컷이 진화에서 그런 중요한 역할을 한다는 사실을 믿고 싶지 않았던 것 같다. 월리스가 자신이 갓 정립하기 시작한 자연선택의 원칙에 수정을 가하고 싶지 않아했던 반면, 다윈은 많은 동물들에게 나타나는 '미적 사치'를 암컷의 까다로움으로 설명하고자 했다. 그럼으로써 다윈은 시대를 선취했고, '미적 감각'을 까다로운 암컷에게 종속시켰다. 암컷 선택설을 위한 실제적인 증거는 오늘날까지도 확인되지 않았다.

1930년대에 비로소 영국의 유전학자 로날드 피셔가 수학이론을 통해 다윈의 성적 선택설에 대한 이론적 기반을 마련하는 데 성공했다. 그러나 약 20년 전까지만 해도 성적 선택 이론을 진화의 동인으로 증명하고자 하는 구체적인 관찰과 실험들은 미미한 상태였다. 이제 성적 선택 이론은 진화생물학에서 가장 인기 있는 연구 주제인 동시에 가장 결실이 많은 연구 분야중 하나다.

최근의 연구에 따르면 수컷의 머리 장식에 관한 한 붉은 사슴과 사슴뿔파리의 암컷은 모두 똑같이 까다로운 기호를 가지고 있음이 확실하다. 이것은 비단 이 두 동물에게뿐만 아니라 다른 동물들에게도 적용된다. 신체 부속물의 크기와 화려함은 암컷으로 하여금 잠재적인 파트너가 유전적으로 쓸모 있는지를 가늠케 하는 잣대로서 작용한다. 암컷은 주로 눈에 띄고, 길고, 힘세고, 화려한 수컷을 선택하기 때문에, 선택받은 이들 수컷의 더 이로운 유전 정보는 각각 다음 세대로 전수된다. 암컷의 선택은 수컷들로 하여금 '미의 선발 대회'에서 서로 우위를 확보하게끔 부추긴다. 이런 식으로 세대를 거치면서 수컷은 점점 사치스러운 신체를 가지게 된다. 다윈 이후 백년 동안의 진화생물학자들은 암컷을 통한 성적 선택을―암컷의 특정한 선호를 통해 작동되어―사슴뿔파리의 뿔에서처럼 기괴한 신체 부속물을 출현시킬 때까지 스스로의 역동성을 가지고 계속 강화되는 과정으로 설명한다. 오랫동안 그저 자연의 단순한 변덕으로 보였던 현상들이 많은 동물에게 생존에 필수적인 것으로 드러나고 있는 것이다.

뉴기니와 호주에서 사슴뿔파리를 연구하던 플로리다대학의 곤충학자 게리 다드슨은 몸집이 큰 건장한 수컷들일수록 머리 장식도 크다는 것을 발견했다. 허약한 수컷의 머리 장식은 뿔이 아니라 거의 혹에 불과한 수준이었다. 이것은 명백한 메시지를 던진다. 다드슨은 피탈미아 몰드시를 대상으로 한 실험에서 몇몇 수파리의 뿔을 아교로 덧붙여 인공적으로 늘여 주었다. 그랬더니 모조품으로 뿔을 뽐내게 된 수컷들은 더 많은 싸움에서 경쟁자들을 물리쳤다. 다드슨은 반대로 몇몇 파리에게서 머리 장식을 잘라냈는데, 이후 그들은 라이벌에 의해 썩은 나무 구역에서 수시로 쫓겨나야만 했다. 이 썩은 나무들은 짝짓기를 할 준비가 된 피탈미아 암컷들이 날아오는 장소였다. 다드슨의 조치를 통해 전에는 싸움에서 패배했던 수컷들이 돌연 승리를 거머쥐었으며, 짝짓기에 성공해 후손을 얻었다. 그리고 뿔이 잘린 수컷들은 수세로 돌아서야 했다.

암컷은 구역을 차지한 수컷과 짝짓기를 한 후 수정된 알을 낳는다. 그리고 그때 수컷이 조심스럽게 암컷을 지킨다. 마지막 순간에 경쟁자가 나타나 일을 그르치지 않도록, 번식의 성공과 자신의 유전적 미래를 보장하기 위해 안전을 기하는 것이다. 이 파리들에게도 '마지막에 온 자가 승리를 차지한다'는 법칙이 적용되기 때문이다. 암파리는 종종 소위 '정자 카운터'에 여러 수컷들의 정자를 저장하는데 사슴뿔파리의 경우에는 세 마리 정도의 정자를 저장할 수 있다. 암파리의 이런 생식강 구조는 자연의 오묘함을 다시 한 번 일깨워준다. 난자는 수정낭에 보관된 정자 중 가장 끝에 위치한 수컷의 정자와 수정된다. 싸움에 승리한 수컷이 짝짓기를 한 후에도 가능한 한 오래도록 암컷을 지키고자 하는 이유는 바로 이 때문이다.

준비된 카사노바 나이팅게일

로미오와 줄리엣은 깊은 새벽에 울려 퍼지는 새소리를 듣고 그것이 한밤중의 나이팅게일 소리인지, 종달새가 벌써 일어나 지저귀는 소리인지를 궁금해 했다. 새들의 노래를 연구하는 학자들도 왜 나이팅게일이 다른 새들처럼 낮에만 노래를 하지 않고 밤에도 노래를 하는지에 대해 여전히 궁금해 하고 있다.

수컷의 노래가 짝짓기 파트너를 유혹하는 것이며 경쟁자들을 경계하는 것임은 잘 알려져 있다. 나이팅게일은 중부 유럽에 서식하는 새들 중 유일하게—엘베 강과 슈프레 강 북동쪽에 사는 그들의 쌍둥이 밤울새Luscinia처럼—낮과 밤을 구분하지 않고 지저귀는 새이다. 밤울새와 나이팅게일의 노래는 오히려 낮보다 고요한 밤에 더 멀리까지 선명하게 들린다. 베를린 같은 대도시의 초여름 밤에 사람들이 종종 나이팅게일의 울음소리 때문에 잠을 깨는 것도 그런 이유다. 개개비와 바위종다리 같은 이웃 새들도 나이팅게일이 낮에 커다랗고, 변화무쌍한 노래를 선보일 때면 자신들의 노래를 멈춘다.

나이팅게일은 왜 하필이면 밤에 노래를 부르는 것일까? 빌레펠트 대학의 행동학자들은 여기에 의문점을 두고, 짝짓기를 앞둔 수컷 나이팅게일의 노래와 그 구조를 분석했다. 그런 뒤, 암컷과의 짝짓기에 성공하지 못한 수컷의 노래와 비교해 휘파람이 들어간 절이 짝짓기에 중요한 역할을 한다는 것을 발견했다. 나이팅게일은 다른 때와 달리 짝짓기 철이 되면 노래 속에서 휘파람을 굉장히 자주 반복한다. 우리가 경험상 알고 있듯이 휘파람은 음향적 특성상 멀리까지 전달된다.

휘파람 노래를 많이 불렀던 수컷들은 부화 시즌에 거의 예외 없이 암컷과 짝짓기를 했던 반면, 노래에 휘파람을 그리 많이 집어넣지 않았던 수컷들은 짝짓기에 성공하지 못했다. 이런 분석에 따라 빌레펠트 학자들은 나이팅게일의 한밤중의 열창이 암컷을 유혹하는 것과 확실한 관련이 있다고 본다. 휘파람을 많이 부는 새일수록 자신의 존재를 멀리까지 드러낼 수 있고, 결국 구애에 성공할 가능성도 높다는 것이다.

하지만 이런 암컷의 선택은 함정도 품고 있다. 대개 나이팅게일계의 명창들은 암컷과의 짝짓기 후에도 휘파람을 멈추지 않는 새들이다. 암컷이 알을 낳고 부화를 하기 시작하자마자 수컷들은 다시금 밤의 휘파람 세레나데를 이어간다. 빌레펠트 연구자들에 따르면 이 바람둥이 명창들은 이미 짝짓기에 성공했으면서도 짝짓기를 하지 않았던 때보다 더 강하게 노래를 부른다.

물론 이를 두고 짝짓기에 성공한 나이팅게일이 자신의 구역을 지키고 암컷의 경쟁자나 연적을 멀리 떼어놓고자 더욱 더 소리를 높이는 것이라고 해석할 수도 있다.

진화생물학적으로 생각할 때, 암컷이 아직 그들의 알을 낳지 않았을 때는 열심히 노래할 이유가 충분하다고 할 수 있다. 암컷이 다른 수컷과 다시 짝짓기 할 위험이 있고, 그리하여 낯선 종자들이 자신의 권역으로 밀고 들어올 위험이 있기 때문이다.

그러나 나이팅게일 수컷은 특이하게도 암컷이 '알을 낳은 후'에 노랫소리를 더더욱 높인다. 이 행동을 두고 행동연구가들은 또 다른 설명을 제시한다. 그들의 가설에 따르면 이 새로운 휘파람 세레나데는 주변의 또 다른, 지금까지 짝을 짓지 않은—혹은 심지어 이미 짝을 지은—암컷을 유혹하는 행동이다. 소위 '혼외 짝짓기'로 또 다른 이성을 유혹하는 소리라는 것이다. 행동학자들은 나이팅게일의 이런 번식 행동이 진화를 통해 형성된 성공적인 전략이라고 보고 있다.

수사자들은 오랫동안 동물 세계의 진정한 왕으로 여겨져
왔다. 갈기 화환을 목에 두른 수사자는 위엄이 넘친다.
수하에 여러 마리의 암사자들을 거느리고 있기도 하다.
수사자들은 정말로 여러 명의 시녀들을 거느린 채 동물
의 왕국에 권좌를 틀고 있는 것일까? 천만의 말씀. 동물
학자들은 최근 '동물의 왕 사자'에 대한 진실을 낱낱이
파헤쳤다. 그로써 게으른 폭군으로서의 수사자에 대한
이미지는 수정이 불가피해졌다.

알려져 있다시피 암사자들은 가족의 식량을 마련하기
위해 종종 홀로 혹은 두세 마리씩 함께 사냥을 떠난다.
암사자들이 먹잇감을 물어오면 수사자들은 암사자들을
쫓아내고 먹잇감을 차지한다. 수사자는 먹이의 2/3 정
도를 그런 식으로 충당한다. 하지만 생각했던 것과는 달
리 수사자들은 결코 이유 없이 게으른 전제적 가부장이
아니다. 수사자들의 화려한 갈기 뒤에는 모순적인 진화
의 강제가 작용하고 있으며, 그 배후에는 다시 한 번 동
물 세계에 편재하는 암컷의 선택이 도사리고 있다. 암컷
의 선택이 자연에 방향성을 제시하는 것이다.

사파리에서건, 동물원에서건, 동물 다큐멘터리에서건
덥수룩하고 풍성한 갈기를 가진 수사자가 가족의 우두머
리라는 것은 한눈에 알아볼 수 있다. 관찰자들은 이를 전

혀 의심하지 않는다. 최근의 현장 연구는 밝은 금색에서 짙은 검은색까지 사자의 다양한 갈기 장식이 일종의 섹스 심벌이라는 것을 밝혀냈다. 가령 탄자니아에 있는 세렝게티 국립공원의 암사자들은 가능하면 짙은 색 갈기를 가진 수컷들을 선호한다. 세인트 폴 미네소타 대학의 두 미국 학자 페이튼 웨스트와 크레이그 패커의 발견에 따르면 가장 짙은 색깔의 갈기를 지닌 수사자가 짝짓기 파트너로 인기가 높았다.

30년간의 현장 연구를 통해 두 학자가 모은 데이터를 보면 머리가 쭈뼛 선다. 실제로 수많은 암사자들이 짙은 갈기를 이상적인 파트너의 상징으로 여기고 있기 때문이다. 수사자의 혈액테스트 결과 암사자들의 판단이 옳다는 것이 드러났다. 짙고 풍성한 갈기를 가진 수사자들이 그 반경에서 유전적으로 가장 양호한 사자라는 것이 확인되었던 것이다. 혈액테스트를 통한 생물학적 특성의 비교 결과 가장 진하고, 가장 긴 갈기를 가진 수사자들의 영양상태가 가장 좋았고 테스토스테론 수치 역시 가장 높았다. 높은 테스토스테론 수치는 암사자들에게 호감을 이끌어낼 뿐만 아니라, 경쟁력을 높이는 데에도 한 몫을 했다. 경쟁자들은 갈기가 짙고 어두운 수사자들을 피해갔다.

긴 갈기는 또한 다른 수사자와의 싸움에서 구체적인 유리함을 선사한다. 풍성하고 긴 털은 라이벌의 발톱으로 인해 상처가 나지 않도록 효과적인 방패 역할을 수행한다. 연구자들은 가장 짙은 갈기를 가진 수사자들이 수명도 가장 길며, 그럼으로써 자손을 번식시킬 수 있는 시간도 더 많이 갖는다는 것을 발견했다. 그러므로 수사자들 사이에서는 "네 갈기를 보여줘. 그러면 네가 누구인지 알아주도록 하지"라는 공식이 통한다고 할 수 있다. 털이 지위를 결정한다고도 볼 수 있는 것이다.

그러나 화려한 갈기가 이점만을 가지고 있는 것은 아니다. 수사자들은 갈기가 길고 어두울수록 적도 부근 아프리카의 작열하는 태양빛에 취약할 수밖에 없다. 화려한 갈기를 가진 수사자들일수록 더위에 약하다는 사실은 연구를 통해서도 드러났다. 모든 포유류들에게 공통되는 사항이지만 더위는 정자의 생산력에도 영향을 미친다. 사자의 풍성한 갈기는 장기적으로는 정자의 질에도 문제를 일으킬 수 있는 것이다. 때문에 수사자들의 갈기는 더운 계절에는 약간 가늘고 짧아지는 방식으로 변화되었다. 하지만 그것만으로 화려한 갈기가 주는 결점들이 완전히 무마되지는 않았다.

아프리카 여러 지역의 사자 개체군을 비교한 결과 더운 곳일수록 '짧은 갈기 스타일'이 유행한다는 것이 밝혀졌다. 기온이 높고 적도에 가까운 저지에 사는 수사자들일수록 더 짧고 더 가는 갈기를 가지고 있는 반면, 적도에서 멀수록 생활 구역이 더 높이 있을수록 갈기는 어두워지고 풍성해졌다. 사자들은 아프리카의 열기가 허락하는 한 최대한—암컷의 구미에 맞추어—위엄 있는 갈기로 자신을 드러내 보이는 것이 틀림없다. 그렇지 않으면 정자가 위험해질 테고, 생식력이 줄어들면 장기적으로는 암컷도 손해를 볼 수밖에 없기 때문이다.

사자들은 갈기 때문에 진화의 진퇴양난에 빠져 있다고 해도 과언이 아니다. 그들은 번식의 성공을 보장받기 위해서라도 화려하고 인상적인 갈기를 통해 유전적인 관점에서 그들이 가진 특별한 능력을 암컷에게 과시해야 한다. 그러나 자신이 아주 유능한 짝짓기 파트너임을 증명해주는 바로 그 갈기가 그들을 약하게 만든다. 따지고 보면 갈기는 원래 불필요한 것인데도 말이다.

수사자들은 사냥을 나가도 암사자들이 주변에 내뿜는 열기의 반 정도밖에 배출하지 못한다. 학자들은 최근, 적외선 체온 기록을 통해 그 사실을 발견했다. 수사자들이 사냥을 하는 것보다 그늘에 축 늘어져 있기를 좋아하는 데에도 수긍할 만한 이유가 있었던 것이다. 암사자들이 직접 사냥을 해 수사자에게 먹잇감을 갖다 바치는 것도 어느 정도 자업자득이라 할 수 있다. 짙고 숱 많은 갈기를 가진 수사자들을 좋아하는 대가로 말이다. 여하튼 진화생물학적으로 볼 때 이제 사자들은 게으른 폭군의 이미지에 별로 합당하지 않는다고 할 수 있다.

1970년대 사회생물학적 관찰의 초기에 이미 사자의

번식 행동을 둘러싼 특이성이 인식되었다. 그때까지 생물학자들은 각각의 동물 행동이 종족 보존에 기여한다고 생각하고 있었다. 그러나 번식 파트너인 수컷과 암컷이 상반된 관심을 가진 것을 보게 될수록 이런 입장은 오류로 드러났다. 현장 연구자들은 이미 오래전부터 수사자가 종종 암사자가 낳은 새끼를 죽인다는 것을 보고해왔다. 그런 행동이 명백하게 종 보존에 도움이 안 되기에 콘라드 로렌츠 같은 저명한 행동학자조차 동물 세계에서의 새끼살해 행위를 병적이고 장애적인 행동으로 해석했다. 자연에서 빚어진 사고로 말이다. 그러나 생물학에서 흔히 그렇듯이, 비정상적인 행동으로 여겨졌던 것도 다른 시각에서 보면 정상적인 행동으로 드러나기 마련이다. 사회생물학자들은 동물들의 공동생활에 관한 진화적 원인과 규칙에 몰두했다. 이들은 우선 암컷과 수컷 각각의 입장에서 카우프만의 계산을 활용해 각각의 손익관계를 산정해 보았다. 이 계산에서 '후손'은 화폐가 되고 '새끼의 수'는 수의 단위가 된다. 이와 같은 종합적인 연구를 통해 수사자들이 진화적 성공에 대한 굉장한 압박을 느끼고 있다는 사실이 밝혀졌다. 대부분의 수사자들은 자신보다 더 나이 들고 약한 수컷의 암사자를 빼앗아 짝짓기를 하려 든다. 이따금 그 과정에서 서로 함께 다니는 형제 등 두 젊은 수사자가 함께 연대하는데, 그럴 경우 혼자라면 대적할 수 없을 수사자도 너끈히 감당할 수 있게 된다. 그렇게 암사자를 차지하게 된 수사자들은 몇 년간의 번식기회를 가지게 되는데, 그 기간이 지나면 자신도 똑같은 운명에 처하여 더 강한 라이벌에게 암컷을 빼앗기게 된다.

그 기간이 얼마 되지 않기 때문에 수사자들은 자신이 차지하게 된 암사자들에 대해 늘 마음이 급하다. 이들은 우선 매우 야만적으로 보이는 행동을 개시한다. 새로이 차지한 암사자들의 새끼를 모조리 살해하는 것이다. 이 것은 실제로는 결코 종족 보존에 기여하지 못한다. 그러나 그 일은 새로 지배권을 차지한 수사자의 유익을 극대화하는 데 도움이 된다. 전임자—그 전에 암사자를 차지했던 수사자—의 유전자를 소지한 새끼들은 새로운 수사자의 유전자를 퍼뜨리는 데 방해가 될 뿐이다. 새로운 지배자들은 자신의 번식 가능성을 높이기 위해 언뜻 보기에는 이해가 되지 않는 살육전을 자행한다. 암컷이 새끼들에게 젖을 물리지 않아야지만 빠른 시간에 다시 임신이 되기 때문이다. 새로운 수사자가 다른 수사자의 새끼를 죽이는 것은 암사자로 하여금 다른 수사자의 후손에 시간을 들이는 대신 빨리 자신의 후손을 양육하게 하려는 전략인 것이다.

이런 이유 때문에 종종 수컷과 암컷은 불편한 연합관계를 형성한다. 암사자는 '아름답고자 하는 자는 고통을 감내해야 한다'는 모토에 따라 수사자로 하여금 체온 유지를 힘들게 하는 짙은 갈기를 고수하게 한다. 반면, 수사자들은 자신의 유전자를 다음 세대로 전달하는 데 관한 한 암컷을 고려하지 않는 진화적인 이기주의자로 드러난다. 암사자의 새끼들이 자신을 위해 사냥을 나간다고 생각할지라도 말이다.

사자 공동체에서 각각의 이기주의는 이상한 모순으로 나타난다. 하지만 이런 맥락 안에서야 비로소 암컷의 선택이 의미를 지닌다. 암사자는 길고 진한 갈기로 유전적 건강함을 드러내는 수사자에게서 가장 많은 유익을 기대할 수 있다. 이런 수사자가 자신과 새끼를 다른 수사자로부터 가장 잘 보호해줄 것이기 때문이다. 수사자가 힘이 약해 다른 라이벌에게 패권을 넘겨주게 되면 휘하의 새끼들은 죽임을 당하게 된다. 암사자는 가족 모두의 생존을 가장 잘 보장할 수 있는 강한 수사자를 원할 수밖에 없다. 그리하여 암사자는 더위를 타는 '폭군'이 태양 아래 축 늘어져 있는 걸 감수한다.

약보다 귀한 독, 청자고둥의 의학적 재발견

휴양객들의 가방에 들어 있는 예쁜 소라나 고둥 껍데기는 일 년 중 가장 아름다웠던 날들을 상기시키는 추억의 물건이다. 그러나 그 예쁜 껍데기 속의 연체동물에 대해선 알려진 바가 거의 없었다. 최근의 학자들은 청자고둥의 매력이 껍질의 미학적 형태에만 국한된 게 아니라는 사실을 알아냈다. 이 바다 연체동물은 진통제와 신경치료제로 의학적으로 크게 활용될 예정이다.

화려한 색깔과 예쁜 모양의 코누스Conus속 청자고둥은 말로르카와 몰디브, 말레이시아와 멜라네시아에 이르기까지 대부분의 열대 바다에 서식한다. 예쁜 색깔의 도자기를 연상시키는 껍질은 사람들 사이에서 인기가 꽤 높은 편인데, 18세기 무렵에는 인간이 만든 웬만한 예술품보다 더 높은 가격에 거래되곤 했다. 일례로, 1796년 네덜란드에서는 얀 베르메르의 그림 '편지를 읽는 여성'이 고작 43굴덴에 낙찰되었지만, 코누스 세도눌리Conus cedonulli 라는 학명의 열대 청자고둥은 273굴덴에 거래되기도 했다. 오늘날에도 코누스 고둥의 껍질은 애호가들 사이에서 비교적 비싼 값에 거래되고 있다. 하지만 이 동물에 대한 생물학적 연구는 전무했다. 생물학자들은 최근에야 비로소 이 아름다운 껍질 속에 위험한 동물이 살고 있다는 것을 알았다. 청자고둥은 사실 '바다의 독뱀'이라 해도 과언이 아닐 만큼 치명적인 독성을 지니고 있다. 현재 지구상에는 수온이 따뜻한 바다를 중심으로 약 500여 종의 청자고둥이 살고 있는 것으로 알려져 있다. 육지의 뱀과 비슷하게 청자고둥도 먹잇감을 잡는 데 독을 투입한다. 그들 중 약 50종이—놀랍게 들리지만—물고기를 주식으로 한다. 연구자들은 주먹만 한 청자고둥이 달팽이 특유의 느린 동작으로 자기보다 몸집이 큰 민첩한 물고기들을 포획하는 장면을 목격하고 놀라움을 금치 못했다.

어떻게 이렇게 둔한 연체동물이 민첩한 물고기들을 사냥할 수 있는 것일까? 청자고둥은 여기에 아주 음험한, 그러나 아주 효과적인 트릭을 사용한다. 물고기를 유인하여 작살을 던지고는 매우 효력 있는 신경독으로 마비시켜 조용히 시식을 한다.

청자고둥은 대부분 산호초가 있는 얕은 바다에서 서식하며 화려한 무늬가 있는 껍질로 탁월하게 위장을 한다. 이들은 머리의 앞쪽 끝에 바깥쪽으로 뒤집을 수 있는 얇은 관을 가지고 있는데, 이 관은 꿈틀거리는 벌레처럼 이리저리 방향을 바꿀 수 있다. 청자고둥은 이 관을 이용해 먹잇감을 유인한다. 그리고 물고기가 사정거리 안에 들어오면 수압 시스템을 이용해 관으로부터 미세한 독화살을 날린다. 키틴질의 이 독화살에서는 작살처럼 역갈고리가 돋아나 있다. 이 갈고리들은 평소에는 속이 텅 비어 있지만 유사시에는 순식간에 독으로 채워진다. 물고기의 조직에 치명적인 독을 주사하여 몸체를 마비시키고 달아날 수 없게 만들어버리는 것이다.

인도 부근 서태평양 해안에 서식하는 보라색 청자고둥 코누스 푸르푸라센스Conus purpurascens는 두 가지의 매우 효율적인 메커니즘을 동시에 구사한다. 한 가지는 앞서 설명한 바와 같이 물고기를 독작살로 공격하는 것이고, 다른 한 가지는 독이 신경과 근육의 연결을 차단하여 물고기의 지느러미를 순식간에 마비시키는 것이다. 청자고둥들은 물고기로 하여금 오랫동안 버둥거리게 만들어서는 안 된다. 다른 육식 물고기들이 그들의 노획물로 순식간에 달려들 것이기 때문이다. 때문에 청자고둥은 물고기를 한꺼번에 게걸스럽게 먹어치우기 위해 상체의 대부분을 껍질 밖으로 드러낸다. 그럼으로써 일시적으로 자신도 공격을 받기 쉬운 상태가 된다.

청자고둥의 독이 사람에게도 위험할 수 있다는 것은 꽤 오래전부터 알려져 있었다. 이미 많은 청자고둥 수집가들이 이를 확인했다. 물론 이 독은 진화가 진행되면서 먹잇감을 잡기 위해 탄생된 것이다. 청자고둥의 독작살은 식물성 먹이를 잘게 써는 데 사용했던 키틴질의 치설이 변화하면서 서서히 발달되었다.

위험을 감지한 청자고둥은 자신을 채집하려는 사람들에게 독작살을 쏠 수도 있다. 그리고 그 독작살은 사람들에게 꽤 치명적이다. 코노톡신Conotoxin이라고 불리는 청자고둥의 독소 중 일부는 코브라나 다른 독뱀의 독과 비슷하기 때문이다.

최근, 코노톡신의 효능에 대한 흥미로운 연구 결과가 나와 관심을 끌고 있다. 청자고둥이 물고기를 마비시키는 데 사용하는 바로 그 독을 의학적으로 활용할 수 있다는 내용이다. 청자고둥의 독소는 척추동물—물고기에서 물고기 상인까지—에 존재하는 신경삭神經索[42]의 생화학적인 의사소통을 차단한다. 코누스 푸르푸라센스 Conus purpurascens의 경우, 신경 근육 시냅스에 개입하여 이를 마비시키는 독소를 최소한 세 개는 가지고 있다. 이것들이 작용하면 시냅스의 아세틸콜린 수용체가 모두 차단될 수 있다. 칼슘 통로를 통한 정보의 전달도 차단될 수 있다. 유타 대학의 발도메로 올리베라를 위시한 연구자들이 밝혀낸 바에 따르면 이 통로들은 신경삭에서 데이터의 전달을 담당한다.

올리베라는 서태평양 해안가에 서식하는 수많은 청자고둥의 코노톡신 구성 성분이 종마다 각기 다르다는 사실을 최초로 발견했다. 청자고둥의 독은 50~150가지의 아미노산잔기[43]로 구성된 작은 폴리펩티드다. 펩티드라 일컬어지는 이런 구성성분들은 척추동물의 신경과 근육의 협연에 각각 다른 특별한 작용을 한다. 코노톡신의 펩티드는 아주 특별한 방식으로 신경삭의 수용체와 이온통

42) 감각 및 운동신경 중추를 통합하여 중추신경계를 구성하는 신경조직의 막대 모양의 축.

43) 단백질이나 펩타이드의 구성단위를 이루는 구조로, 아미노산에서 물 1분자가 빠져나간 구조.

코누스속 청자고둥의 하나인 코누스 아네노메(conus anenome).

로로 연결되기 때문이다.

그로써 청자고둥의 독소는 새로운 연구의 길을 열어 주었다. 청자고둥으로부터 얻은 펩티드를 이용하면 시냅스의 특정 지점이 어떤 작용을 하고 있는지를 파악할 수 있다. 이 펩티드들은 특별히 신경세포의 표면 구조와만 연결되고 그곳에서만 작용하기 때문이다. 따라서 펩티드는 수공업자가 갖고 있는 여러 가지 크기의 스패너처럼 생화학 연구에 특화된 도구라고 볼 수 있다.

올리베라는 청자고둥의 독소를 통해 효과적인 신약개발이 가능하리라 기대하고 있다. 같은 종의 청자고둥들은 서식지역에 상관없이 동일한 펩티드를 가지고 있는 반면, 종이 다른 청자고둥들은 비슷한 기능을 하는 펩티드라도 아주 다른 분자구조를 가지고 있기 때문이다.

약학자들은 코노톡신 연구의 첫머리에 서 있다. 코노톡신의 효능에 대한 첫 번째 테스트를 통해, 모르핀이 효과를 보이지 않을 경우 몇몇 청자고둥의 독소가 매우 효과적인 진통제로 투입될 수 있다는 결과가 나왔다. 제네바에 위치한 세계보건기구의 추정에 따르면 매일 약 3백만 명의 암 환자들이 모르핀으로도 억제가 불가능한 극심한 고통에 시달리고 있다고 한다. 코노톡신은 고통 신호가 척수를 거쳐 뇌에 이르는 것을 방해함으로써, 암 환자들의 진통 억제에 큰 도움을 줄 수 있다. 뇌출혈 환자들도 청자고둥의 독소로 도움을 받을 수 있다. 독소가 뇌조직의 추가적인 손상을 막아줌으로써 혈액순환 장애가 초래하는 치명적인 결과들을 최소화할 수 있기 때문이다.

청자고둥의 다양한 독으로부터 분리된 '오메가 코노톡신' 성분은 전문가들의 특별한 흥미를 끌고 있다. 'SNX-111'로 불리기도 하는 코누스 마구스Conus magus 청자고둥의 펩티드는 25개 아미노산으로 이루어져 있는데, 이것이 인간의 몸에 작용할 경우 신경의 나트륨 통로를 차단시켜 고통 신호가 뇌로 전달되는 것을 막아준다. 마구스 청자고둥의 펩티드는 최근 캘리포니아에 위치한 뉴렉스 코퍼레이션의 첫 번째 임상 실험을 거쳤다. 아편이 든 진정제로도 전혀 통증을 치료할 수 없었던 32명의 테스트 환자를 대상으로 SNX-111을 주사하자 그중 21명의 통증이 완전히 사라졌다. 다만, 개별적인 경우에 부작용으로 일시적인 시력 장애와 어지럼증이 확인되었다. 특기할 만한 것은 청자고둥의 합성 코노-펩티드를 9개월간 주사한 환자들에게서는 모르핀과 달리 중독 증상이 보이지 않았다는 점이다. 현재 미국의 약 50개에 달하는 병원에서 청자고둥의 작용물질 SNX-111의 효능과 안전성에 대한 임상 테스트가 진행 중에 있으며, 이 임상 실험에 에이즈 환자, 암 환자, 뇌출혈 환자가 각각 200명씩 참여하고 있다.

열대 청자고둥은 '독 칵테일'을 통해 인류에게 미래의 진통제를 공급해줄 것이다. 하지만 그것을 위해서는 이 동물에 대한 연구가 더욱 집중적으로 이루어져야 한다. 약 500종에 이르는 청자고둥들로부터 계속하여 효율적인 물질을 찾아내기 위해서는, 연체동물학자들과 동물계통학자들이 나서서 아주 넓은 지역에 걸쳐 서식하는 청자고둥들의 종 다양성을 명확히 파악해줘야 한다. 청자고둥의 화려하고 다채로운 껍질은 외관만으로 이들을 분류하는 데 어려움을 느끼게 한다. 따라서 학자들의 이런 분류 작업은 매우 중요하다. 새로운 펩티드로 구성된 코노톡신은 새로운 종의 청자고둥에게서만 기대할 수 있기 때문이다. 청자고둥의 사례는 동물계통학적 기초 연구의 중요성을 일깨워 준다. 기초 연구가 탄탄히 이루어져 있어야 후일에 그 연구를―종종은 예감하지 못했던 곳에―응용할 수 있다는 사실을 반증해주는 사례라 할 수 있겠다.

찾아보기